Práctica

Grado 3

Harcourt

SCHOOL PUBLISHERS

¡Visita *The Learning Site!*
www.harcourtschool.com

TEXAS HSP Matemáticas

Printed in the United States of America

ISBN 13: 978-0-15-367296-5

ISBN 10: 0-15-367296-X

2 3 4 5 6 7 8 9 10 073 18 17 16 15 14 13 12 11 10 09 08

Contenido

Repaso en espiral

Maneras de usar números

Di cómo se usa cada número. Escribe *contar, medir, rotular* o *posición*.

1.

2.

3.

15 canicas

_____   _____   _____

4. Shanice llegó en el 4º lugar en la competencia de natación del estado de Texas.

5. Robby tiene 75 ganchos para colgar ropa en su armario.

_____   _____

6. Drew mide 5 pies.

7. El número del casillero de Audrey es 364.

_____   _____

8. El centro comercial está ubicado en el 327 de Commerce Boulevard.

9. El puntaje del estado físico de Mery la puso en el percentil número 95.

_____   _____

Resolución de problemas y preparación para el TAKS

10. El estado de Texas ocupa el 2º lugar con más población de los Estados Unidos. ¿Cómo se usó el 2º en este hecho?

11. El punto más alto de Texas es el pico Guadalupe, que está a 8,749 pies de altura. ¿Cómo se usó el 8,749 en este hecho?

_____   _____

12. ¿Qué número se usó para contar?

A 65 estudiantes de tercer grado

B ganador del 2º lugar

C una calabaza de 100 libras

D número de la oficina

13. El Sr. Carlson vive en el 418 Laurel Lane en Dallas, Texas. ¿Cómo se usó el 418 aquí?

F para contar

G para rotular

H para medir

J para describir posición

Práctica

Álgebra: Patrones en una tabla de cien

Usa la tabla de cien. Halla el siguiente número en el patrón.

1	2	3	4	5	6	7	8	9	10
11	12	13	14	15	16	17	18	19	20
21	22	23	24	25	26	27	28	29	30
31	32	33	34	35	36	37	38	39	40
41	42	43	44	45	46	47	48	49	50
51	52	53	54	55	56	57	58	59	60
61	62	63	64	65	66	67	68	69	70
71	72	73	74	75	76	77	78	79	80
81	82	83	84	85	86	87	88	89	90
91	92	93	94	95	96	97	98	99	100

1. 1, 3, 5, 7, _____

2. 6, 5, 4, 3, _____

3. 10, 15, 20, 25, _____

4. 15, 12, 9, 6, _____

5. 10, 20, 30, 40, _____

6. 65, 63, 61, 59, _____

Usa la tabla de cien. Di si cada número es *impar* o *par*.

7. 7 _____

8. 36 _____

9. 50 _____

10. 77 _____

11. 98 _____

12. 90 _____

13. 8 _____

14. 24 _____

15. 21 _____

16. 33 _____

17. 9 _____

18. 85 _____

Práctica

Localizar puntos en una recta numérica

Halla el número que representa el punto X en la recta numérica.

1.

_____

2.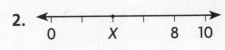

_____

3.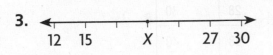

_____

4.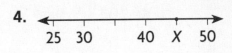

_____

Resolución de problemas y preparación para el TAKS

Para los Ejercicios 5 y 6, usa la recta numérica de abajo.

70   S   90   X   110

5. El puntaje de Raul en una competencia se muestra con el punto S. ¿Cuál es el puntaje de Raul?

6. Raul respondió correctamente dos preguntas más. Su nuevo puntaje está rotulado con el punto X. ¿Cuál es el nuevo puntaje de Raul?

_____   _____

Para los Ejercicios 7 y 8, usa la recta numérica de abajo.

3   6   R   S   T   U   21   24

7. ¿Qué punto representa el número 18 en la recta numérica?

A   R

B   T

C   S

D   U

8. ¿Qué número representa el punto R?

F   9

G   12

H   15

J   25

Práctica

Valor posicional: 3 dígitos

Escribe el valor del dígito subrayado.

1. 81<u>8</u>

2. 1<u>9</u>1

3. <u>8</u>17

4. <u>9</u>02

_____

_____

_____

_____

5. 25<u>3</u>

6. 7<u>0</u>4

7. 6<u>4</u>0

8. <u>3</u>97

_____

_____

_____

_____

Escribe cada número en forma normal.

9. 300 + 40 + 2

10. 500 + 60 + 1

11. 200 + 10 + 9

_____

_____

_____

12. setecientos tres

13. cuatrocientos noventa y nueve

_____

_____

Escribe cada número en forma desarrollada.

14. 921

15. 650

16. 250

_____

_____

_____

Resolución de problemas y preparación para el TAKS

17. Un alce hembra puede pesar hasta seiscientas libras. En forma normal, ¿cuántos dígitos que no son ceros contienen este peso?

18. Los pumas pueden pesar hasta ciento sesenta libras. En una tabla de valor posicional de este peso, ¿qué dígito estaría en el lugar de las centenas?

_____

_____

_____

_____

19. ¿Cuál muestra seiscientos cinco escrito en forma desarrollada?

   A 605

   B 650

   C 600 + 5

   D 600 + 50

20. ¿Cuál muestra cuatrocientos cuarenta escrito en forma normal?

   F 400

   G 440

   H 444

   J 400 + 40

Práctica

Valor posicional: 4 dígitos

Escribe cada número en forma normal.

1. $9,000 + 8$

2. seis mil ciento doce

_____

_____

3. cuatro mil doscientos dos

4. $2,000 + 700 + 30 + 4$

_____

_____

Escribe cada número en forma desarrollada.

5. 3,724

6. 5,209

_____

_____

7. 6,009

8. 9,638

_____

_____

9. siete mil cuatro

10. cuatrocientos setenta y siete

_____

_____

Escribe el valor del dígito subrayado.

11. <u>9</u>,876   **12.** 7,<u>2</u>19   **13.** <u>3</u>,147   **14.** 4,2<u>9</u>6

_____ _____ _____ _____

Resolución de problemas y preparación para el TAKS

15. Escribe un número de 4 dígitos que contenga los dígitos 0, 1, 2 y 3. ¿Cuál es el valor del primer dígito en tu número?

16. Harry se comerá 1,500 sándwiches de mantequilla de maní y mermelada antes de graduarse de secundaria. ¿Cómo escribirías 1,500 en palabras?

_____

_____

17. ¿Qué letra muestra el número cinco mil trescientos dos?

    A 532   **C** 5,302

    B 5,032   **D** 5,320

18. ¿Cuál es el valor del dígito subrayado en <u>7</u>,318?

    F 7   **H** 700

    G 70   **J** 7,000

Práctica

Valor posicional: 5 y 6 dígitos

Escribe el valor del dígito subrayado.

1. <u>3</u>4,219

2. <u>7</u>28,516

3. 1<u>5</u>6,327

4. <u>4</u>05,318

_____ _____ _____ _____

5. 211,<u>0</u>07

6. 80,2<u>3</u>9

7. 44,<u>9</u>20

8. <u>3</u>00,999

_____ _____ _____ _____

Escribe cada número en forma normal.

9. 70,000 + 8,000 + 300 + 5

10. cuarenta y tres mil once

_____

11. 900,000 + 60,000 + 20 + 6

12. trescientos setenta y tres mil ochocientos sesenta y uno

_____

Resolución de problemas y preparación para el TAKS

13. Mauna Kea, un volcán inactivo en Hawai, está a 13,796 pies sobre el nivel del mar. ¿Cuál es el valor del dígito 1 en 13,796?

14. Durante el período de una semana, 237,465 personas asistieron a la feria del estado. ¿Cómo escribirías 237,465 en palabras?

15. ¿Qué número es el mayor?

A 24,030

B 24,300

C 24,330

D 24,000

16. ¿Cuál es el valor del dígito 9 en 987,654?

F 9

G 900

H 9,000

J 900,000

Práctica

Taller de resolución de problemas
Estrategia: Usar razonamiento lógico

Resolución de problemas • Práctica de estrategias

Usa el razonamiento lógico para resolver.

1. El número del casillero de Mario está entre 80 y 99. La suma de los dígitos es 13. El dígito de las decenas es 3 más que el dígito de las unidades. ¿Cuál es el número del casillero de Mario?

   _____

2. En el concurso de deletreo, Cal, Dawn y Amy fueron los tres finalistas. Cal terminó en segundo lugar. Dawn no terminó primero. ¿Quién fue el primero?

   _____

3. Ocho estudiantes se presentaron a una prueba para la banda o el coro. Cinco estudiantes se presentaron para la banda, el resto se presentó para el coro. ¿Cuántos estudiantes se presentaron para el coro?

   _____

4. Earl respondió correctamente 2 preguntas más que Ana. Ana respondió correctamente 3 preguntas menos que Juanita. Juanita respondió correctamente 21 preguntas. ¿Cuántas preguntas respondió correctamente Earl?

   _____

Práctica de estrategias mixtas

5. Doug tiene 170 estampillas en su colección. Su primer libro de estampillas tiene 30 estampillas más que su segundo libro. ¿Cuántas estampillas hay en cada libro?

   _____

6. El Sr. Burns corrió 14 millas la semana pasada. Sólo corrió el lunes, martes y miércoles. Si el Sr. Burns corrió 3 millas el martes y 5 millas el miércoles, ¿cuántas millas corrió el lunes?

   _____

7. **USA DATOS** Josie mide 2 palmos y 3 codos de alto. ¿Cuántos pies de alto mide Josie?

   _____

Medidas inusuales	
1 braza	= 6
2 palmos	= 3
3 codos	= 1 pie

© Harcourt

Comparar números

Compara los números. Escribe <, > ó = para cada ◯

1. 78 ◯ 87

2. 100 ◯ 99

3. 529 ◯ 592

4. 84 ◯ 84

5. 964 ◯ 946

6. 624 ◯ 642

7. 297 ◯ 97

8. 173 ◯ 317

9. 321 ◯ 312

10. 94 ◯ 940

11. 724 ◯ 724

12. 239 ◯ 29

13. 870 ◯ 87

14. 638 ◯ 863

15. 574 ◯ 745

16. 746 ◯ 746

17. 404 ◯ 374

18. 393 ◯ 403

19. 632 ◯ 632

20. 206 ◯ 204

Resolución de problemas y preparación para el TAKS

21. **Dato breve** El edificio más alto de Dallas es el Bank of America Plaza. Mide 921 pies. El edificio más alto de Albuquerque es el Albuquerque Plaza. Mide 315 pies. Compara las alturas de estos dos edificios.

22. Una clase de tercer grado tiene 384 estudiantes. Una clase de cuarto grado tiene 348 estudiantes. Compara el número de estudiantes de esos dos grados.

23. ¿Qué número es menor que 952 pero mayor que 924?

A 925

B 952

C 955

D 1,000

24. ¿Qué número es mayor que 786 pero menor que 791?

F 678

G 768

H 786

J 790

Práctica

Ordenar números

Escribe los números en orden de menor a mayor.

1. 12, 92, 32　　　　**2.** 37, 34, 39　　　　**3.** 86, 88, 85

_____　　_____　　_____

4. 500, 300, 400　　**5.** 139, 142, 127　　**6.** 587, 583, 582

_____　　_____　　_____

Escribe los números en orden de mayor a menor.

7. 39, 27, 58　　　　**8.** 82, 89, 91　　　　**9.** 76, 74, 78

_____　　_____　　_____

10. 218, 312, 199　　**11.** 652, 671, 649　　**12.** 437, 439, 436

_____　　_____　　_____

13. 562, 526, 625　　**14.** 987, 978, 998　　**15.** 249, 429, 294

_____　　_____　　_____

Resolución de problemas y preparación para el TAKS

16. Dato breve El río Sabine mide 555 millas de longitud. El río Neches mide 416 millas de longitud. El río Trinity mide 508 millas de longitud. Escribe los nombres de los ríos en orden de menor a mayor.

_____

17. Razonamiento Soy un número que es mayor que 81 pero menor que 95. La suma de mis dígitos es 15. ¿Qué número soy?

_____

18. ¿Qué número es el mayor?

A 536　　　C 653

B 635　　　D 563

19. ¿Qué número es mayor que 498 pero menor que 507?

F 497　　　H 507

G 499　　　J 510

Práctica

Comparar y ordenar números más grandes

Escribe los números en orden de menor a mayor.

1. 587; 578; 5,087

_____

2. 2,315; 2,135; 2,531

_____

3. 3,721; 3,735; 3,719

_____

4. 4,001; 4,100; 420

_____

5. 5,718; 3,718; 1,718

_____

6. 8,239; 8,199; 8,098

_____

Escribe los números en orden de mayor a menor.

7. 913; 1,013; 1,031

_____

8. 6,329; 6,239; 6,392

_____

9. 7,428; 7,425; 7,429

_____

10. 5,230; 3,250; 2,350

_____

11. 9,909; 999; 9,099

_____

12. 5,768; 5,876; 5,687

_____

Resolución de problemas y preparación para el TAKS

USA DATOS Para los Ejercicios 13 y 14, usa la tabla de abajo.

13. ¿Qué jugador tiene el número más grande de pases finalizados?

_____

14. Escribe los números de pases finalizados de la tabla en orden de menor a mayor.

_____

Salón de la fama del fútbol americano	
Nombre	Pases finalizados
Troy Aikman	2,742
Don Meredith	1,170
Sammy Baugh	1,754

15. ¿Qué número es el mayor?

A 8,327

B 8,273

C 8,372

D 8,237

16. ¿Qué número es menor que 4,726 pero mayor que 3,998?

F 3,997

G 3,999

H 4,726

J 4,727

Práctica

Redondear a la decena más cercana

Redondea el número a la decena más cercana.

1. 52   **2.** 47   **3.** 95   **4.** 107   **5.** 423

_____   _____   _____   _____   _____

6. 676   **7.** 209   **8.** 514   **9.** 673   **10.** 19

_____   _____   _____   _____   _____

11. 478   **12.** 313   **13.** 627   **14.** 789   **15.** 204

Resolución de problemas y preparación para el TAKS

USA DATOS Para los Ejercicios 16 y 17, usa la tabla de abajo.

16. A la decena más cercana, ¿cuál fue el número de leones marinos vistos el viernes?

_____

17. A la decena más cercana, ¿cuál fue el número de leones marinos vistos de viernes a domingo?

_____

Leones marinos vistos en el muelle	
Día	Número de leones marinos vistos
viernes	48
sábado	53
domingo	65

18. El número de estampillas en la colección de Krissy, redondeado a la decena más cercana, es 670. ¿Cuántas estampillas podría tener Krissy?

A 679

B 676

C 669

D 664

19. En una recta numérica, el punto X está más cerca de 350 que de 360. ¿Qué número podría ser el punto X?

F 354

G 356

H 361

J 365

Práctica

Redondear a la centena más cercana

Redondea el número a la centena más cercana.

1. 349   **2.** 251   **3.** 765   **4.** 3,218   **5.** 6,552

_____   _____   _____   _____   _____

6. 4,848   **7.** 5,298   **8.** 6,342   **9.** 7,112   **10.** 412

_____   _____   _____   _____   _____

11. 901   **12.** 5,451   **13.** 2,982   **14.** 9,216   **15.** 1,543

_____   _____   _____   _____   _____

Resolución de problemas y preparación para el TAKS

USA DATOS Para los Ejercicios 16 y 17, usa la tabla de abajo.

16. A la centena más cercana, ¿cuántos pies de altura tiene el pico más elevado de Texas?

_____

17. A la centena más cercana, ¿cuántas millas de largo tiene la frontera de Texas con México?

_____

Geografía de Texas	
Característica	Tamaño
Frontera con México	1,001 millas
Pico más alto	8,151 pies
Río Grande	1,885 millas

18. ¿Qué número NO se redondea a 500 cuando se redondea a la centena más cercana?

A 450
B 499
C 533
D 552

19. En una recta numérica el punto P está más cerca de 300 que de 200. ¿Qué número podría representar el punto P?

F 219
G 247
H 273
J 202

© Harcourt

Taller de resolución de problemas
Destreza: Usar una recta numérica

Resolución de problemas • Práctica de la destreza

Para los Ejercicios 1 a 4, usa la recta numérica y los datos del peso del animal.

400 420 440 460 480 500 520 540 560 580 600

El zoológico tiene un león que pesa 447 libras, una cebra que pesa 498 libras y un oso pardo que pesa 581 libras.

1. ¿Está el peso de la cebra más cerca de 400 o de 500 libras?

_____

2. A la centena más cercana, ¿cuál es el peso del león?

_____

3. A la centena más cercana, ¿cuál es el peso del oso pardo?

_____

4. A la centena más cercana, ¿cuánto pesan todos los animales?

_____

Aplicaciones mixtas

5. Charlie reunió 5 canicas el lunes, 3 canicas el miércoles y 2 canicas el martes. ¿Cómo podrías ordenar el número de canicas que Charlie reunió de mayor a menor según los días en que fueron reunidas?

_____

6. Patrick llevó 4 lápices a la escuela el lunes, 3 lápices el martes y el almuerzo empacado a la escuela el miércoles. ¿Cuántos lápices llevó Patrick a la escuela el lunes y martes en conjunto?

_____

7. Luke puso tres números en orden de menor a mayor. La cantidad total de dígitos en los números que ordenó es 4. ¿Tiene alguno de los tres números que Luke ordenó más de 2 dígitos?

_____

8. Lana ganó dos concursos de deletreo el año pasado. Le dijo a su mamá que en el número 1,020 el número en el lugar de las centenas tiene un valor de 0. ¿Es correcto lo que le dijo Lana a su mamá?

_____

Álgebra: Propiedades de la suma

Halla cada suma.

1. $4 + 7 =$ _____

$7 + 4 =$ _____

2. $1 + (8 + 5) =$ _____

$(1 + 8) + 5 =$ _____

3. $(3 + 9) + 4 =$ _____

$3 + (9 + 4) =$ _____

4. $4 + (6 + 6) =$ _____

$(4 + 6) + 6 =$ _____

5. $1 + 9 =$ _____

$9 + 1 =$ _____

6. $5 + (3 + 3) =$ _____

$(5 + 3) + 3 =$ _____

Halla cada suma de dos maneras diferentes.
Usa paréntesis para mostrar qué números
sumaste primero.

7. $7 + 3 + 5 =$ _____

8. $9 + 4 + 2 =$ _____

9. $62 + 18 + 5 =$ _____

10. $25 + 4 + 6 =$ _____

11. $1 + 42 + 9 =$ _____

12. $0 + 16 + 16 =$ _____

13. $9 + 7 + 9 =$ _____

14. $14 + 6 + 3 =$ _____

15. $50 + 6 + 30 =$ _____

16. $21 + 42 + 1 =$ _____

Resolución de problemas y preparación para el TAKS

17. En una caminata por la naturaleza, Sarah ve 3 ardillas, 5 ardillas listadas y 8 pájaros. ¿Cuántos animales ve Sarah en total?

_____

18. El lunes Ramón vio 4 ardillas y 8 pájaros en el parque. El martes vio 8 ardillas y 4 pájaros en el parque. ¿Cuántos pájaros vio Ramón en total el lunes y el martes?

_____

19. ¿Cuál es la suma?
$3 + 10 =$ _____

A 0

B 3

C 13

D 30

20. ¿Qué propiedad se muestra en el enunciado numérico siguiente?
$8 + (9 + 4) = (8 + 9) + 4$

F cero

G conmutativa

H identidad

J asociativa

Práctica

Álgebra: Sumandos que faltan

Halla el sumando que falta. Tal vez quieras usar fichas.

1. $3 + \square = 10$ **2.** $\square + 9 = 14$ **3.** $\square + 6 = 11$ **4.** $\square + 2 = 5$

5. $\square + 7 = 13$ **6.** $2 + \square = 4$ **7.** $\square + 9 = 12$ **8.** $9 + \square = 17$

9. $6 + \square = 12$ **10.** $\square + 1 = 10$ **11.** $3 + \square = 8$ **12.** $\square + 4 = 4$

Halla el número que falta. Tal vez quieras usar fichas.

13. $9 + 9 = \underline{\quad}$ **14.** $3 + \square = 12$ **15.** $5 + 5 = \underline{\quad}$ **16.** $7 + 0 = \underline{\quad}$

17. $6 + 8 = \underline{\quad}$ **18.** $2 + \square = 10$ **19.** $\square + 5 = 12$ **20.** $\square + 0 = 3$

21. $8 + \square = 12$ **22.** $4 + 7 = \underline{\quad}$ **23.** $6 + \square = 11$ **24.** $2 + 7 = \underline{\quad}$

Resolución de problemas y preparación para el TAKS

25. Dato breve Un ardilla puede correr 12 millas por hora. Un ratón puede correr 8 millas por hora. ¿Cuántas millas por hora más rápido puede correr una ardilla que un ratón?

_____

26. Sophia fue a un parque de diversiones. Se subió en 18 atracciones en total. Se subió siete veces en la montaña rusa. ¿En cuántas atracciones se subió que no fueran la montaña rusa?

_____

27. ¿Cuál es el número que falta?
$2 + 7 = \underline{\quad}$

A 5
B 6
C 8
D 9

28. ¿Cuál es el sumando que falta para $11 + \underline{\quad} = 15$?

F 3
G 4
H 5
J 6

Práctica

Estimar sumas

Usa el redondeo para estimar cada suma.

1. 64
+ 29

2. 45
+ 21

3. 14
+ 37

4. 423
+ 17

5. 661
+ 32

6. 271
+ 349

7. 535
+ 183

8. 721
+ 248

9. 183
+ 134

10. 387
+ 97

Usa números compatibles para estimar cada suma.

11. 48
+ 34

12. 24
+ 27

13. 17
+ 64

14. 123
+ 76

15. 572
+ 25

16. 624
+ 173

17. 804
+ 136

18. 217
+ 254

19. 345
+ 453

20. 638
+ 243

Resolución de problemas y preparación para el TAKS

USA DATOS Para los Ejercicios 21 y 22, usa la tabla de abajo.

21. Aproximadamente, ¿cuántas especies de loros y aves de rapiña hay?

_____

22. ¿Cuál es mayor, la suma estimada de especies de palomas y aves de rapiña o la suma estimada de especies de loros y palomas?

_____

Número de especies de pájaros	
Clase de pájaro	Número de especies diferentes
loros	353
aves de rapiña	307
pingüinos	17
palomas	309

23. Una familia manejó 325 millas un día y 189 millas el siguiente día. Aproximadamente, ¿cuántas millas manejó en total la familia?

A 50
B 600
C 500
D 400

24. Mientras caminaba alrededor de un lago, Toby contó pájaros. Él contó 23 garzas y 45 patos. Aproximadamente, ¿cuántas garzas y patos contó Toby en total?

F 100
G 70
H 50
J 170

Práctica

© Harcourt

Sumar números de 2 dígitos

Estima. Luego halla cada suma usando el valor posicional o el cálculo mental.

1. $\begin{array}{r} 19 \\ + 64 \\ \hline \end{array}$
2. $\begin{array}{r} 33 \\ 28 \\ + 14 \\ \hline \end{array}$
3. $\begin{array}{r} 63 \\ + 45 \\ \hline \end{array}$
4. $\begin{array}{r} 34 \\ + 76 \\ \hline \end{array}$
5. $\begin{array}{r} 65 \\ 48 \\ + 16 \\ \hline \end{array}$

6. $\begin{array}{r} 75 \\ + 47 \\ \hline \end{array}$
7. $\begin{array}{r} 31 \\ + 86 \\ \hline \end{array}$
8. $\begin{array}{r} 47 \\ + 25 \\ \hline \end{array}$
9. $\begin{array}{r} 24 \\ 32 \\ + 18 \\ \hline \end{array}$
10. $\begin{array}{r} 47 \\ 24 \\ + 52 \\ \hline \end{array}$

11. $56 + 41 =$ _____
12. $83 + 15 =$ _____
13. $25 + 67 + 31 =$ _____

14. $29 + 67 =$ _____
15. $37 + 21 =$ _____
16. $49 + 34 + 61 =$ _____

Resolución de problemas y preparación para el TAKS

17. Kara compró 13 manzanas verdes y algunas manzanas rojas. Ella compró un total de 40 manzanas. ¿Cuántas manzanas rojas compró Kara?

    _____

18. Manuel y su hermano recogieron manzanas. Manuel recogió 62 manzanas. Su hermano recogió 39 manzanas. ¿Cuántas manzanas recogieron Manuel y su hermano en total?

    _____

19. ¿Cuál es la suma?

    $71 + 23 + 18 =$ _____

    A 89   **C** 102
    B 94   **D** 112

20. ¿Cuál es la suma?

    $65 + 28 =$ _____

    F 83   **H** 93
    G 92   **J** 98

Práctica

Representar la suma de 3 dígitos

Usa bloques de base 10 para hallar cada suma.

1. $128 + 356 = $ _____   **2.** $147 + 266 = $ _____   **3.** $594 + 245 = $ _____

4. $649 + 248 = $ _____   **5.** $392 + 455 = $ _____   **6.** $288 + 477 = $ _____

7. $388 + 256 = $ _____   **8.** $133 + 267 = $ _____   **9.** $818 + 103 = $ _____

Halla cada suma.

10. $\begin{array}{r} 821 \\ +143 \\ \hline \end{array}$	**11.** $\begin{array}{r} 765 \\ +154 \\ \hline \end{array}$	**12.** $\begin{array}{r} 217 \\ +265 \\ \hline \end{array}$	**13.** $\begin{array}{r} 291 \\ +645 \\ \hline \end{array}$	**14.** $\begin{array}{r} 608 \\ +154 \\ \hline \end{array}$
15. $\begin{array}{r} 309 \\ +512 \\ \hline \end{array}$	**16.** $\begin{array}{r} 485 \\ +180 \\ \hline \end{array}$	**17.** $\begin{array}{r} 789 \\ +101 \\ \hline \end{array}$	**18.** $\begin{array}{r} 236 \\ +319 \\ \hline \end{array}$	**19.** $\begin{array}{r} 167 \\ +418 \\ \hline \end{array}$
20. $\begin{array}{r} 189 \\ +178 \\ \hline \end{array}$	**21.** $\begin{array}{r} 248 \\ +318 \\ \hline \end{array}$	**22.** $\begin{array}{r} 378 \\ +147 \\ \hline \end{array}$	**23.** $\begin{array}{r} 320 \\ +575 \\ \hline \end{array}$	**24.** $\begin{array}{r} 256 \\ +127 \\ \hline \end{array}$
25. $\begin{array}{r} 444 \\ +328 \\ \hline \end{array}$	**26.** $\begin{array}{r} 701 \\ +199 \\ \hline \end{array}$	**27.** $\begin{array}{r} 225 \\ +387 \\ \hline \end{array}$	**28.** $\begin{array}{r} 821 \\ +143 \\ \hline \end{array}$	**29.** $\begin{array}{r} 765 \\ +154 \\ \hline \end{array}$
30. $\begin{array}{r} 635 \\ +364 \\ \hline \end{array}$	**31.** $\begin{array}{r} 528 \\ +122 \\ \hline \end{array}$	**32.** $\begin{array}{r} 137 \\ +303 \\ \hline \end{array}$	**33.** $\begin{array}{r} 412 \\ +101 \\ \hline \end{array}$	**34.** $\begin{array}{r} 862 \\ +112 \\ \hline \end{array}$

Práctica

Sumar números de 3 dígitos

Estima. Luego halla cada suma.

1. $\begin{array}{r} 205 \\ +582 \\ \hline \end{array}$
2. $\begin{array}{r} 725 \\ +237 \\ \hline \end{array}$
3. $\begin{array}{r} 317 \\ +445 \\ \hline \end{array}$
4. $\begin{array}{r} 377 \\ +429 \\ \hline \end{array}$
5. $\begin{array}{r} 199 \\ +534 \\ \hline \end{array}$

6. $\begin{array}{r} 627 \\ +312 \\ \hline \end{array}$
7. $\begin{array}{r} 336 \\ +248 \\ \hline \end{array}$
8. $\begin{array}{r} 743 \\ +185 \\ \hline \end{array}$
9. $\begin{array}{r} 812 \\ +309 \\ \hline \end{array}$
10. $\begin{array}{r} 476 \\ +358 \\ \hline \end{array}$

11. $\begin{array}{r} 503 \\ 258 \\ +507 \\ \hline \end{array}$
12. $\begin{array}{r} 883 \\ 399 \\ +174 \\ \hline \end{array}$
13. $\begin{array}{r} 612 \\ 483 \\ +744 \\ \hline \end{array}$
14. $\begin{array}{r} 975 \\ 194 \\ +585 \\ \hline \end{array}$
15. $\begin{array}{r} 109 \\ 237 \\ +176 \\ \hline \end{array}$

16. $832 + 415 = $ _____
17. $358 + 329 = $ _____
18. $212 + 688 = $ _____

Resolución de problemas y preparación para el TAKS

19. Margie maneja 665 millas de su casa en Lubbock a la casa de su tía en Brownsville para pasar unas vacaciones. Después maneja la misma distancia de regreso. ¿Cuántas millas manejó Margie en total?

20. Shawn subió 697 escalones de la torre Eiffel. Le quedan 968 escalones por subir para llegar a la cima. ¿Cuántos escalones tiene la torre Eiffel?

21. ¿Cuál es la suma de 467 y 384?

A 741
B 751
C 841
D 851

22. ¿Cuál es la suma de 593 y 252?

F 745
G 755
H 845
J 855

Taller de resolución de problemas
Estrategia: Adivinar y comprobar

Resolución de problemas • Práctica de la estrategia

1. Hubo 300 personas en el partido de fútbol americano. Hubo 60 estudiantes más que adultos en el partido. ¿Cuántos estudiantes hubo en el partido de fútbol americano?

_____

2. El entrenador del gimnasio ordenó en total 56 pelotas de básquetbol y de fútbol para el próximo año. Se ordenaron 10 pelotas menos de básquetbol que de fútbol. ¿Cuántas pelotas de cada clase se ordenaron?

_____

Práctica de estrategias mixtas

USA DATOS Para los Ejercicios 3 y 4, usa la tabla.

3. Sami y Juan tenían el mismo número de tarjetas de béisbol. Después a Sami le regalaron algunas tarjetas de béisbol. ¿Cuántas tarjetas le regalaron a Sami?

Tarjetas de béisbol reunidas	
Nombre	Número de tarjetas
Sami	250
Pete	150
Juan	200

4. Pete tiene 50 tarjetas de jugadores de béisbol que son lanzadores. Tiene 25 tarjetas de jugadores de béisbol que son receptores. El resto de los jugadores de las tarjetas son jardineros. ¿Cuántas de las tarjetas de Pete corresponden a jugadores que son jardineros?

_____

5. Tom gastó $35 en un casco nuevo y en rodilleras. Gastó $15 en un balón de fútbol americano. Al final del día le quedaban $5. ¿Cuánto dinero tenía Tom al principio?

_____

6. Sarah, José y Mike se sientan en una fila. Si los miras de frente, Mike no está sentado a la izquierda. Sarah está a la derecha de José. ¿Quién está sentado en el medio?

_____

Práctica

Elegir un método

Halla la suma. Di qué método usaste.

1. 518
   $+220$

2. 422
   $+315$

3. 239
   $+521$

4. 679
   $+295$

5. 954
   $+756$

6. 726
   $+384$

7. 231
   $+765$

8. 923
   $+855$

9. 523
   $+365$

10. 402
    $+509$

11. 229
    325
    $+558$

12. 904
    675
    $+243$

13. 163
    $+741$

14. 239
    $+761$

15. 118
    583
    $+236$

16. $632 + 345 =$ _____

17. $192 + 153 =$ _____

18. $244 + 328 =$ _____

Resolución de problemas y preparación para el TAKS

19. Un agricultor sembró 510 plantas de maíz y 481 plantas de papa en sus tierras. ¿Cuántas plantas de maíz y de papa sembró el agricultor en total?

20. Un agricultor sembró 615 plantas de tomate y 488 plantas de pepino. ¿Cuántas plantas sembró el agricultor en total? ¿Puedes usar el cálculo mental para resolver el problema? Explica.

_____

_____

21. La familia de Caroline siembra 275 acres de plantas de maíz y 386 acres de lechuga. ¿Cuántos acres sembró la familia de Caroline en total?

    A 761

    B 661

    C 561

    D 551

22. El sábado, Jim, su papá y sus dos hermanos cosecharon 304 acres. El domingo ellos cosecharon 255 acres. ¿Cuántos acres cosecharon en ambos días? Explica qué método usaste.

_____

_____

Práctica

Álgebra: Familias de operaciones

Completa.

1. $6 - 4 = 2$, so $2 + \boxed{} = 6$

2. $3 + 8 = 11$, so $11 - \boxed{} = 3$

3. $12 - 9 = 3$, so $9 + \boxed{} = 12$

4. $7 + 6 = 13$, so $6 + \boxed{} = 13$

5. $8 + 8 = 16$, so $16 - \boxed{} = 8$

6. $17 - 9 = 8$, so $8 + \boxed{} = 17$

Escribe la familia de operaciones para cada conjunto de números.

7. 7, 8, 15

8. 5, 3, 8

9. 9, 9, 18

_____

_____

_____

10. 6, 7, 13

11. 3, 7, 10

12. 7, 7, 14

_____

_____

_____

Resolución de problemas y preparación para el TAKS

13. Kara está haciendo unos panecillos. Tiene 12 huevos. Usa 2 huevos para hacer los panecillos. ¿Cuántos huevos le quedan a Kara?

_____

14. **Razonamiento** ¿Cómo puedes usar $7 + 4 = 11$ para hallar el número que falta en $11 - \boxed{} = 4$?

_____

15. ¿Qué enunciado numérico está en la misma familia de operaciones de $6 + 5 = 11$?

A $6 - 5 = 1$ **C** $11 + 5 = 16$

B $11 - 5 = 6$ **D** $7 + 4 = 11$

16. ¿Qué conjunto de números puede formar una familia de operaciones?

F 3, 4, 7 **H** 2, 3, 8

G 5, 7, 11 **J** 4, 6, 9

Práctica

Estimar diferencias

Usa el redondeo o los números compatibles para estimar cada diferencia.

1. 74	2. 52	3. 47	4. 65
−38	−26	−13	−32

5. 371	6. 974	7. 721	8. 283
−159	−126	−358	−154

9. 978	10. 357	11. 787	12. 549
−447	−197	−268	−324

ÁLGEBRA. Estima para comparar. Escribe <, > ó = para cada ◯.

13. 55 − 29 ◯ 50   14. 593 − 129 ◯ 300   15. 805 − 250 ◯ 500

Resolución de problemas y preparación para el TAKS

USA DATOS Para los Ejercicios 16 y 17, usa la tabla de abajo.

16. ¿Aproximadamente cuánto más pesa el esturión blanco que el peso combinado del pez lagarto y el bagre?

_____

17. ¿Aproximadamente cuánto más pesó el esturión blanco que la perca?

_____

Los mayores peces de agua dulce atrapados	
Tipo de pez	Peso en libras
Pez lagarto	279
Perca	213
Bagre	111
Esturión blanco	468

18. Tammy estimó 923 − 452. Ella redondeó cada número a la centena más cercana y después restó. ¿Cuál fue la estimación de Tammy?

A 300   C 500
B 400   D 600

19. ¿Cuál es la diferencia estimada? 659
−382

F 300   H 500
G 400   J 600

© Harcourt

Restar números de 2 dígitos

Estima. Después halla cada diferencia.

1. $\begin{array}{r} 79 \\ -53 \\ \hline \end{array}$
2. $\begin{array}{r} 35 \\ -14 \\ \hline \end{array}$
3. $\begin{array}{r} 63 \\ -45 \\ \hline \end{array}$
4. $\begin{array}{r} 76 \\ -58 \\ \hline \end{array}$
5. $\begin{array}{r} 55 \\ -16 \\ \hline \end{array}$

6. $\begin{array}{r} 82 \\ -47 \\ \hline \end{array}$
7. $\begin{array}{r} 68 \\ -31 \\ \hline \end{array}$
8. $\begin{array}{r} 47 \\ -25 \\ \hline \end{array}$
9. $\begin{array}{r} 97 \\ -19 \\ \hline \end{array}$
10. $\begin{array}{r} 63 \\ -17 \\ \hline \end{array}$

Halla cada diferencia. Usa la suma para comprobar.

11. $56 - 41 =$ _____

12. $83 - 35 =$ _____

13. $67 - 31 =$ _____

14. $36 - 19 =$ _____

15. $66 - 15 =$ _____

16. $91 - 22 =$ _____

Resolución de problemas y preparación para el TAKS

17. El oso pardo tiene una altura promedio de 48 pulgadas. El oso negro americano tiene una altura promedio de 33 pulgadas. ¿Cuál es la diferencia entre el promedio de las dos alturas de los osos?

_____

18. Un oso polar adulto tiene una altura de 63 pulgadas. Un cachorro de oso polar tiene una altura de 39 pulgadas. ¿Cuál es la diferencia entre las alturas de los osos?

_____

19. ¿Cuál es la diferencia?

$72 - 48 =$ _____

A 24

B 26

C 34

D 36

20. En una feria, una venta de bebidas vende 45 vasos de limonada y 29 vasos de té. ¿Cuántos vasos más de limonada que de té vendió?

F 26

G 24

H 16

J 14

Práctica

Nombre _____

Representar la resta de 3 dígitos

Usa bloques de base 10 para hallar cada diferencia.

1. $494 - 271 = $ _____   2. $324 - 147 = $ _____   3. $549 - 255 = $ _____

4. $311 - 205 = $ _____   5. $757 - 483 = $ _____   6. $623 - 197 = $ _____

7. $388 - 265 = $ _____   8. $267 - 183 = $ _____   9. $706 - 258 = $ _____

Halla cada diferencia.

10. $765 - 154$ 11. $821 - 143$ 12. $665 - 327$ 13. $821 - 581$ 14. $387 - 198$

15. $309 - 212$ 16. $485 - 276$ 17. $784 - 359$ 18. $319 - 236$ 19. $418 - 276$

20. $189 - 178$ 21. $548 - 318$ 22. $707 - 629$ 23. $845 - 563$ 24. $956 - 127$

25. $752 - 382$ 26. $607 - 199$ 27. $387 - 225$ 28. $900 - 459$ 29. $765 - 150$

30. $777 - 444$ 31. $228 - 116$ 32. $939 - 540$ 33. $442 - 378$ 34. $808 - 102$

Práctica

Restar números de 3 dígitos

Estima. Después halla cada diferencia.

1.	593 −282	**2.**	377 −188	**3.**	732 −489	**4.**	654 −386	**5.**	534 −175
6.	657 −132	**7.**	673 −583	**8.**	820 −649	**9.**	812 −309	**10.**	976 −267
11.	578 −126	**12.**	738 −644	**13.**	472 −281	**14.**	872 −125	**15.**	477 −298

Resolución de problemas y preparación para el TAKS

16. DATO BREVE La montaña rusa Fuerza del Milenio mide 310 pies de altura. La montaña rusa Goliath mide 235 pies de altura. ¿Cuántos pies más alta es la montaña rusa Fuerza del Milenio que la montaña rusa Goliath?

_____

17. La bajada más inclinada de la montaña rusa Kingda Ka es de 418 pies. La bajada más inclinada de la montaña rusa Goliath es 163 pies menor que la bajada de Kingda Ka. ¿Cuánto mide la bajada más inclinada de Goliath?

_____

18. ¿Cuál es la diferencia entre 945 y 194?

A 651

B 741

C 751

D 851

19. ¿Cuál es la diferencia?

852
−374

F 522

G 488

H 482

J 478

Práctica

Restar con ceros

Estima. Después halla la diferencia.

1.	508	2.	400	3.	980	4.	806	5.	700
	-175		-329		-246		-493		-123

6.	608	7.	701	8.	408	9.	930	10.	500
	-169		-213		-184		-429		-379

Halla cada diferencia. Usa la suma para comprobar.

11. $902 - 426 =$ _____   12. $800 - 424 =$ _____

13. $600 - 431 =$ _____   14. $500 - 265 =$ _____

15. $408 - 225 =$ _____   16. $830 - 315 =$ _____

Resolución de problemas y preparación para el TAKS

17. Juan juega en una sala de juegos y gana algunos boletos. Necesita 400 boletos para una pelota de playa. Tiene ya 262 boletos. ¿Cuántos boletos más necesita Juan?

_____

18. Hannah juega en una sala de juegos y gana 243 boletos. Necesita 700 boletos para una sudadera. ¿Cuántos boletos más necesita Hannah?

_____

19. ¿Cuál es la diferencia?

$600 - 328 =$ _____

  A 272

  B 282

  C 372

  D 382

20. ¿Cuál es la diferencia?

  806
-238

  F 478

  G 568

  H 578

  J 668

Práctica

Elegir un método

Halla la diferencia. Di qué método usaste.

1. 518
   −315

2. 732
   −315

3. 925
   −521

4. 659
   −292

5. 945
   −467

6. 922
   −414

7. 675
   −198

8. 800
   −432

9. 635
   −227

10. 509
   −288

11. 909
   −558

12. 954
   −843

13. 632
   −212

14. 569
   −347

15. 418
   −236

16. $755 - 172 =$ _____   **17.** $218 - 125 =$ _____   **18.** $784 - 318 =$ _____

Resolución de problemas y preparación para el TAKS

19. Un oso polar en el zoológico pesa 792 libras. Un panda gigante en el zoológico pesa 273 libras. ¿Cuántas libras más pesa el oso polar que el panda gigante? Di qué método usaste para resolver el problema.

20. Un guepardo puede alcanzar una velocidad de hasta 66 millas por hora. Un perezoso puede alcanzar una velocidad de hasta 8 millas por hora. ¿Cuál es la diferencia entre estas dos velocidades? Di qué método usaste para resolver el problema.

_____

_____

21. Una cebra adulta pesa 725 libras. Un tigre siberiano adulto pesa 562 libras. ¿Cuántas libras más pesa la cebra que el tigre?

A 163 libras   **C** 243 libras
B 173 libras   **D** 263 libras

22. Un guepardo macho pesa 142 libras. Una pantera hembra pesa 121 libras. ¿Cuál es la diferencia en peso entre el guepardo y la pantera?

F 121 libras   **H** 21 libras
G 112 libras   **J** 12 libras

Práctica

Taller de resolución de problemas
Destreza: Elegir la operación

Práctica de la destreza de resolución de problemas.

Di cuál operación usarías. Después resuelve el problema.

1. Julia lee 128 páginas de un libro. Necesita leer 175 páginas más para terminar el libro. ¿Cuántas páginas en total tiene el libro?

_____

2. La librería tiene 325 libros acerca de animales. De éstos, 158 están prestados. ¿Cuántos libros acerca de animales quedan todavía en la biblioteca?

_____

3. Kara planea armar un rompecabezas. El rompecabezas tiene 225 fichas. Ella armó 137 fichas. ¿Cuántas fichas más necesita armar Kara para completar el rompecabezas?

_____

4. Jeremy tenía 529 monedas en su colección. Él reunió 217 monedas más. ¿Cuántas monedas hay ahora en la colección de Jeremy?

_____

Aplicaciones mixtas

USA DATOS Para los Ejercicios 5 y 6, usa la tabla.

5. ¿Cuántos vasos de limonada se vendieron de lunes a viernes en total? ¿Necesitarás una estimación o una respuesta exacta?

_____

6. El sábado, el puesto de limonadas vendió 15 vasos. ¿Cuántos vasos más se vendieron el sábado que el miércoles?

_____

Vasos de limonada vendidos	
Día	Cantidad de vasos vendidos
lunes	8
martes	11
miércoles	10
jueves	7
viernes	15

7. La biblioteca tiene 217 revistas y 60 videos que los estudiantes pueden sacar. Los estudiantes sacaron 109 revistas. ¿Cuántas revistas hay disponibles en la biblioteca?

_____

Práctica

Nombre _____

Contar billetes y monedas

Escribe la cantidad.

1.

2.

3.

4.

_____ _____ _____ _____

Halla dos conjuntos equivalentes para cada uno. Haz una lista de las monedas y los billetes.

5. $4.45

6. $1.58

7. 85¢

_____ _____ _____

_____ _____ _____

8. $3.25

9. 50¢

10. $6.50

_____ _____ _____

_____ _____ _____

Resolución de problemas y preparación para el TAKS

11. **Razonamiento** Ana quiere comprar un libro por $3.95. Haz una lista de la menor cantidad de billetes y monedas que Ana puede usar.

12. Wil tiene tres billetes de $1, 2 monedas de 25¢, 3 monedas de 10¢, 1 moneda de 5¢ y 4 monedas de 10¢. ¿Cuánto dinero tiene Wil en total?

_____ _____

13. Mike tiene dos billetes de $1, 3 monedas de 25¢ y dos monedas de 5¢. Shelley tiene 9 monedas de 25¢, 3 monedas de 10¢ y 11 monedas de 1¢. ¿Cuánto dinero más tiene Mike que Shelley?

14. Mitch quiere comprar una ensalada de fruta. Cuesta $1.30. ¿Cuál muestra el menor número de billetes y monedas que puede usar Mitch?

A 18 centavos   C 19 centavos   F 3   H 5

B 21 centavos   D 20 centavos   G 4   J 6

© Harcourt

Comparar cantidades de dinero

Usa <, > ó = para comparar las cantidades de dinero.

1.    2.

_____   _____

¿Cuál cantidad es mayor?

3. $7.95 o
$7.89

4. $2.10 ó 9
monedas de
25¢

5. 87¢ o 18
monedas de 5¢

6. 2 monedas de
10¢, 6 monedas
de 1¢ o 1
moneda de 25¢

_____   _____   _____   _____

7. 2 monedas de
10¢, 2
monedas de 5¢
o 1 moneda de
25¢

8. $2.25 ó 5
monedas de
50¢

9. 35 monedas
de 1¢ o 2
monedas de
10¢, 2 monedas
de 5¢ y 2
monedas de 1¢

10. $1.12 ó 11
monedas de
10¢

_____   _____   _____   _____

Resolución de problemas y preparación para el TAKS

11. Aidan tiene 7 monedas de 25¢,
3 monedas de 10¢, 3 monedas de 5¢
y 4 monedas de 1¢. María tiene
1 billete de $1, 1 moneda de 50¢,
1 moneda de 25¢, 2 monedas de
10¢ y 3 monedas de 5¢. ¿Quién tiene
más dinero, Aidan o María? Explica.

12. Matt tiene 5 monedas de 25¢,
6 monedas de 10¢ y 4 monedas
de 5¢. Hal tiene $2.51. ¿Quién
tiene más dinero, Matt o Hal?
Explica.

_____   _____

13. Becky tiene sólo monedas de 10¢.
Ella tiene más de 60¢. ¿Cuál
cantidad de dinero podría tener
Becky?

14. Danny tiene sólo monedas de 25¢
y monedas de 10¢. Él tiene por lo
menos 1 moneda de 25¢ y 1
moneda de 10¢. Tiene más de 25¢.
¿Cuál cantidad podría tener Danny?

A 75¢   C 81¢

B 50¢   D 70¢

F 45¢   H 64¢

G 30¢   J 40¢

    Práctica

Taller de resolución de problemas
Estrategia: Hacer una tabla

Resolución de problemas • Práctica de la estrategia

Elena tiene los billetes y monedas que se muestran. Ella quiere comprar una tarjeta por $2.95. _____

Llena la tabla para mostrar conjuntos equivalentes a $2.95.

Billete de $1	25¢	10¢	5¢	1¢	Valor total
1. _____	3	2	0	0	$2.95
2	2	4	2. _____	0	$2.95
2	3. _____	4	0	5	$2.95
1	7	2	0	4. _____	$2.95
1	6	4	5. _____	0	$2.95
1	6. _____	4	0	5	$2.95
1	7	1	1	5	$2.95

Práctica de estrategias mixtas

7. **USA DATOS** ¿Cuáles son los dos tipos de libros más populares? ¿Cómo lo sabes?

_____

_____

Tipo de libro favorito	
Nombre	Votos
Deportes	ЖΙΙ
Misterio	ΙΙΙ
Fantasía	ЖΙΙ
Ciencia ficción	ΙΙΙΙ

Práctica

Nombre _____

Dar cambio

Halla la cantidad de cambio. Usa dinero de juguete y contar como ayuda.

1. Ali compra un collar para su perro por $4.69. Ella paga con un billete de $10.

_____

2. Roger compra una banana por $0.49. Él paga con un billete de $1.

_____

Halla la cantidad de cambio. Haz una lista de las monedas y los billetes.

3. Pagas con un billete de $10.

_____
_____
_____
_____

$6.37

4. Pagas con un billete de $5.

_____
_____
_____
_____

$2.79

Resolución de problemas y preparación para el TAKS

5. Isaac compró lentes de sol por $3.99. Paga con un billete de $10. ¿Cuánto cambio recibe? Anota las monedas y los billetes.

_____
_____

6. Zoe quiere comprar una peluca de payaso que cuesta $5.99 y pintura para la cara que cuesta $1.15. Ella tiene $6.10. ¿Tiene suficiente dinero? Si no, ¿cuánto más necesita Zoe?

_____
_____

7. Sally compra un libro que cuesta $3.54. Ella tiene $5.00. ¿Cuánto cambio recibe Sally?

A $2.64 C $1.46
B $1.54 D $8.54

8. Lori quiere comprar un CD que cuesta $10.39. Ella tiene $7.50. ¿Cuánto más dinero necesita Lori?

F $2.89 H $17.89
G $3.11 J $3.89

Entender la hora

Escribe la hora. Después escribe dos maneras de leer la hora.

1.

2.

3.

4.

_____   _____   _____   _____

_____   _____   _____   _____

_____   _____   _____   _____

Para los Ejercicios 5 a 8, escribe la letra del reloj que muestra la hora.

a.

b.

c.

d.

5. 25 minutos después de las 8 _____   **6.** 11:40 _____

7. 15 minutos antes de las 3 _____   **8.** 2:45 _____

Resolución de problemas y preparación para el TAKS

9. Tim le dijo a Mark que se encontrarían exactamente faltando un cuarto para las diez. Mark llegó a las 10:15. ¿Se encontraron a tiempo Mark y Tim?

_____

10. ¿A qué hora se verá en el reloj digital de Mary un uno y tres ceros?

_____

11. Burt se levanta a las siete menos cuarto. ¿Cuál es una manera de escribir esta hora?

A 7:15   C 6:45

B 7:45   D 6:15

12. Elena comió veinte minutos antes de las seis. ¿Cuál es una manera de escribir esta hora?

F 5:40   H 6:40

G 6:20   J 5:20

Práctica

Hora al minuto

Escribe la hora. Escribe una manera de leer la hora.

1. 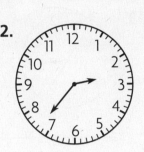   2. 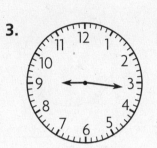   3.   4.

_____   _____   _____   _____

_____   _____   _____   _____

Resolución de problemas y preparación para el TAKS

5. Muestra las horas: las doce y cuarto, y cuarenta y cinco minutos antes de la una.

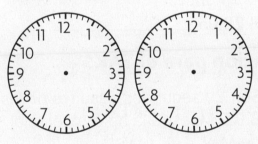

6. Son 29 minutos después de las 6. Muestra esta hora en el reloj de abajo.

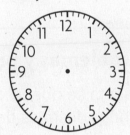

7. Luis se levantó doce minutos antes de las ocho. ¿Cuál es una manera de escribir esta hora?

8. ¿Qué hora se muestra en este reloj?

A 8:12   C 8:48

B 6:48   D 7:48

F 5:47   H 4:47

G 4:45   J 5:50

Minutos y segundos

Escribe la hora. Luego escribe cómo leerías la hora.

1.

2.

3.

4.

_____   _____   _____   _____

_____   _____   _____   _____

_____   _____   _____   _____

Para los Ejercicios 5 a 8, escribe la letra del reloj que muestra la hora.

a.

b.

c.

d.

5. 1:11:16 _____

6. 12:46:21 _____

7. 9:13:49 _____

8. 3:28:05 _____

Resolución de problemas y preparación para el TAKS

9. ¿De qué otra manera se puede escribir 60 segundos después de las 2:10?

10. Son 29 segundos después de las 8:05. Muestra la hora en el reloj de May.

_____

11. ¿Qué hora es 60 segundos antes de las 3:00?

   A 2:59:00   C 3:01:00

   B 2:59:60   D 3:00:60

12. ¿Qué opción de respuesta muestra 6 segundos después de las 4:43?

   F 4:06:43   H 4:60:43

   G 4:43:60   J 4:43:06

© Harcourt

Práctica

A.M. y P.M.

Escribe la hora para cada actividad. Usa a.m. o p.m.

1. jugar básquetbol

   `10:30`

2. almorzar

   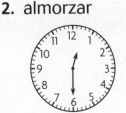

3. ir a la biblioteca

4. cenar

_____ _____ _____ _____

Escribe la hora usando números. Usa a.m. o p.m.

5. ocho y veinte de la mañana

   _____

6. cinco minutos después de las tres de la tarde

   _____

7. quince minutos antes de las once de la noche

   _____

8. seis y cuarenta y cinco de la mañana

   _____

Resolución de problemas y preparación para el TAKS

9. Martha juega fútbol todos los sábados en la mañana a las 10 en punto. Escribe esta hora usando a.m. o p.m.

   _____

10. Debra juega fútbol los domingos por la mañana a veinte minutos antes de las doce. Escribe esta hora usando a.m. o p.m.

    _____

11. ¿A qué hora de las que se muestran están despiertos la mayoría de los niños de tercer grado?

    A 7:00 p.m.   **C** 3:00 a.m.

    B medianoche   **D** 11:00 p.m.

12. ¿A qué hora de las que se muestran se acuestan la mayoría de los niños de tercer grado?

    F 7:00 p.m.   **H** 3:00 p.m.

    G medianoche   **J** 11:00 a.m.

Práctica

Nombre _____

Taller de resolución de problemas
Destreza: Demasiada o muy poca información

Práctica de la destreza de resolución de problemas

Di si hay demasiada o muy poca información.
Resuelve si hay suficiente información.

1. Rochelle fue a la clase de baile a las 8:00 a.m. ¿A qué hora termina la clase de baile de Rochelle?

_____
_____
_____
_____

2. Jack tiene 3 billetes, 2 monedas de 25¢ y 1 moneda de 10¢ en su bolsillo. Ganó el dinero haciendo tareas domésticas. ¿Tiene suficiente dinero para comprar un jugo que cuesta 55¢?

_____
_____
_____
_____

3. Caroline está en tercer grado. Llega a la parada del bus a las 7:30 a.m. ¿Cuánto tiene que esperar Caroline el bus?

_____

Aplicaciones mixtas

4. El partido de fútbol de Teddy comienza a las 4:15 p.m. Él es uno de los porteros. Atrapa la pelota 8 veces. El otro portero atrapa la pelota 5 veces. ¿Cuántas veces se atrapa la pelota en total? Elige la operación necesaria para resolver.

_____

6. **USA DATOS** Aidan va a nadar y después a caminar en sus actividades de la mañana. ¿Cuánto tiempo pasa en sus actividades en total?

_____

5. Stacy tiene 35 marcadores. Ella olvidó tapar 8 y se secaron. ¿Cuántos marcadores en buen estado le quedaron a Stacy? Elige la operación necesaria para resolver.

_____

Horario de actividades		
Actividad	**Hora**	**Duración**
Natación	10:00 a.m.	30 minutos
Caminar	11:00 a.m.	45 minutos

© Harcourt

Práctica

Nombre _____

Lección 7.1

Reunir datos

Para los Ejercicios 1 a 4, usa la lista de instrumentos musicales que tocan los estudiantes.

1. Haz una tabla de conteo para organizar los datos.

Instrumentos musicales que tocan los estudiantes	
Instrumento	Marca de conteo

Instrumentos musicales que tocan los estudiantes	
Jen	piano
Lisa	violín
Tarik	clarinete
Randy	piano
Jude	violín
Leah	guitarra
Audry	clarinete
Sue	piano
Marty	violín
Debra	violín

2. ¿Cuántos estudiantes tocan el clarinete? _____

3. ¿Cuántos estudiantes más tocan el violín que la guitarra? _____

4. En total, ¿cuántos estudiantes tocan instrumentos musicales? _____

Para los Ejercicios 5 y 6, usa la tabla.

5. ¿Cuántos estudiantes juegan al béisbol?

   _____

6. ¿Cuántos estudiantes más están dedicados a las exploraciones que los que están dedicados a la gimnasia?

   _____

Actividades después de la escuela	
Actividad	Número de estudiantes
Béisbol	7
Gimnasia	3
Exploraciones	8

Resolución de problemas y preparación para el TAKS

7. Siete estudiantes votaron por helado de vainilla y 4 por helado de fresa. ¿Cuántos estudiantes en total votaron por helado de vainilla y de fresa?

   _____

8. Cuatro estudiantes más votaron por fútbol que los que votaron por patinaje. Si 12 estudiantes votaron por fútbol, ¿cuántos estudiantes votaron por patinaje?

   _____

9. ¿Cuál de los siguientes números representa ⅢⅢ ⅢⅢ ⅢⅢ | ?

   A 4   C 15

   B 13   D 16

10. ¿Cuál de los siguientes está en orden de menor a mayor?

    F 4, ⅢⅢ, 6   H 4, 5, ⅢⅢ

    G 6, ⅢⅢ, 4   J ⅢⅢ, 5, 6

© Harcourt

PW39

Práctica

Leer una pictografía

Para los Ejercicios 1 a 3, usa la pictografía.

1. ¿Cuántos pájaros se vendieron el jueves?

_____

2. ¿Cuántos pájaros se vendieron de jueves a domingo?

_____

3. ¿En qué dos días se vendieron en total tantos pájaros como el sábado?

_____

Número de pájaros vendidos

jueves	🕊️ 🕊️ 🕊️ 🕊️
viernes	🕊️ 🕊️
sábado	🕊️ 🕊️ 🕊️ 🕊️ 🕊️
domingo	🕊️ 🕊️ 🕊️

Clave: Cada 🕊️ = 3 pájaros

Resolución de problemas y preparación para el TAKS

4. Sal visitó 5 parques nacionales el último verano y 3 parques nacionales este verano. ¿Cuántos parques nacionales visitó Sal en total los dos últimos veranos?

_____

5. **Razonamiento** Una pictografía muestra 🌳 🌳 🌳 para representar 12 parques. ¿Cuántos parques representa 🌳?

_____

6. Una pictografía usa la clave 🐱 = 5 gatos. ¿Cuál dibujo representa 15 gatos?

A 🐱 🐱

B 🐱 🐱 🐱

C 🐱 🐱 🐱 🐱 🐱

D 🐱 🐱 🐱 🐱 🐱 🐱

7. Una pictografía usa la clave 🪣 = 10 galones de agua. ¿Cuántos galones de agua representa 🪣 🪣 🪣 ?

F 2

G 10

H 25

J 50

Práctica

Taller de resolución de problemas
Estrategia: Hacer una gráfica

Resolución de problemas • Práctica de la estrategia

Haz una pictografía para resolver.

1. Un grupo de estudiantes votó por su animal de granja favorito. Los resultados se muestran en la tabla de abajo. Haz una pictografía para los datos. Cada dibujo equivale a 4 votos.

Vaca	8 votos
Pollo	12 votos
Caballo	10 votos
Oveja	4 votos

Animales de granja favoritos	

Clave: Cada_____ = 4 votos.

2. Si se cambia la clave de modo que cada dibujo equivalga a 2 votos, entonces ¿cuántos dibujos deberían usarse para representar el número de estudiantes que votaron por el caballo?

_____

Práctica de estrategias mixtas

3. Chuck comió 2 pedazos de sandia antes de subir al avión. En el avión, Chuck comió 3 bananas y un pedazo de carne. Luego vio una película. ¿Cuántos pedazos de fruta comió Chuck en total?

_____

4. Betty tiene un total de 19 muñecas. Su tía le regaló una muñeca nueva y otros parientes le regalaron 4 muñecas nuevas. ¿Cuántas muñecas tenía Betty antes de recibir las muñecas nuevas?

_____

Práctica

Leer una gráfica de barras

Para los Ejercicios 1 a 2, usa la gráfica de barras de Tiempo de espera en la fila.

1. ¿De cuánto es la espera para montar en los carros chocadores?

   _____

2. ¿Cuánto tiempo más se esperó para montar en la montaña rusa que para montar en la noria?

   _____

Resolución de problemas y preparación para el TAKS

Para los Ejercicios 3 a 4, usa la gráfica de barras de abajo.

3. ¿Se necesitan más boletos para montar en el bote de luna y el paseo de agua o para el tobogán alpino y la montaña rusa?

   _____

   _____

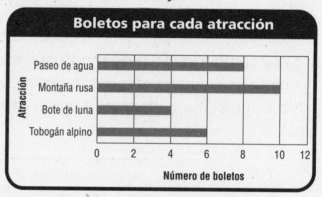

4. Si cada boleto cuesta 0.50 centavos, ¿cuánto cuesta montar en las 4 atracciones una vez? _____

5. Josie hizo una gráfica de barras para mostrar cuántos libros tienen sus amigos. ¿Qué libro tiene la barra más corta?

   A 8 novelas

   B 2 libros de deportes

   C 1 libro de matemáticas

   D 5 libros de cocina

6. Bertand hizo una gráfica de barras para mostrar cuántas actividades se organizaron durante el mes de mayo. ¿Qué actividad tiene la barra más corta?

   F 2 partidos de fútbol

   G 7 carreras

   H 3 partidos de tenis

   J 9 asambleas

Práctica

Nombre _____

Lección 7.5

Hacer una gráfica de barras

USA DATOS Para los Ejercicios 1 a 11, usa la pictografía a la derecha.

Los estudiantes votaron por su galleta favorita.
Los resultados se muestran en la pictografía.

1.–7. Usa los datos de la pictografía para hacer
una gráfica de barras abajo.

Galleta favorita	
Chocolate	🍪 🍪 🍪 🍪 🍪
Jengibre	🍪 🍪
Avena	🍪 🍪 🍪
Mantequilla de maní	🍪 🍪 🍪

Clave: Cada 🍪 = 2 galletas

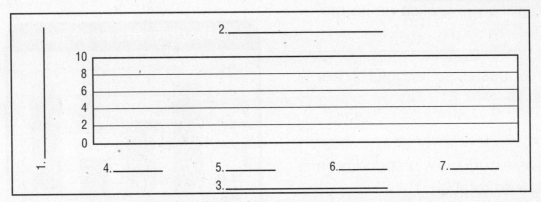

2. _____

```
10
 8
 6
 4
 2
 0
```

1. ____

4. _____   5. _____   6. _____   7. _____

3. _____

Resolución de problemas y preparación para el TAKS

8. ¿Qué galleta recibió 1 voto más que la de jengibre pero 1 voto menos que la de avena?

9. Razonamiento Si dos de los votos para la galleta de chocolate se cambiaran para la mantequilla de maní, ¿cómo cambiaría el número total de votos?

_____   _____

10. ¿Cuántos votos más recibió la galleta de avena que la de jengibre?

    A 1 voto más

    B 2 votos más

    C 4 votos más

    D 8 votos más

11. ¿Cuántas personas más votaron por jengibre y avena juntas que por chocolate?

    F 1 persona más

    G 2 personas más

    H 4 personas más

    J 8 personas más

© Harcourt

        Práctica

Hacer una encuesta

Para los Ejercicios 1 a 4, usa la tabla de conteo y la pictografía de abajo para responder a cada pregunta.

Sabor favorito de yogurt	
Sabor	**Marcas de conteo**
Natural	ЖЖ IIII
Vainilla	ЖЖ I
Cereza	III
Durazno	ЖЖ IIII

Sabor favorito de yogurt

Sabor	Número
Natural	🥛 🥛 🥛
Vainilla	🥛 🥛
Cereza	🥛
Durazno	🥛 🥛 🥛

Clave: Cada 🥛 = 3 estudiantes

1. ¿Cuál es el título de la tabla de conteo, la pictografía y la gráfica de barras?

   _____

2. ¿Qué respuestas se recogieron por la encuesta?

   _____

3. ¿Cuántos estudiantes respondieron la encuesta en total?

   _____

Sabor favorito de yogurt

4. ¿Qué sabor escogió la mayoría? ¿Qué sabor escogió la minoría?

   _____

5. Piensa en una pregunta para la encuesta y escríbela.

   _____

   _____

6. Escribe 4 respuestas posibles para tu pregunta de la encuesta.

   _____

   _____

7. Completa la tabla de conteo a la derecha para anotar los resultados de tu encuesta.

Práctica

Clasificar datos

Para los Ejercicios 1 a 5, usa la tabla de abajo.

1. ¿Cuántas cajas pequeñas son de cartón grueso? _____

2. ¿Cuántas cajas de cartón delgado son medianas? _____

Cajas		
Tamaño	Caja de cartón delgada	Caja de cartón gruesa
Pequeño	5	2
Mediano	3	3
Grande	2	1

3. ¿Cuántas cajas son grandes? _____

4. ¿Cuántas cajas más son pequeñas que medianas? _____

5. ¿Cuántas cajas hay en total? _____

Para los Ejercicios 6 a 12, usa las figuras geométricas de abajo.

6. Completa la tabla de abajo para clasificar las figuras de la derecha.

Figuras geométricas		
	Blanco	Gris
Círculo		
Diamante		

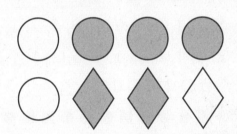

7. ¿Cuántos diamantes hay en total? _____

8. ¿Cuántas figuras son grises en total? _____

Resolución de problemas y preparación para el TAKS

9. **¿Qué pasaría** si se añadiera una tercera fila de 4 cuadrados rojos a las 2 filas de figuras de arriba? ¿Cómo se vería la tabla?

_____

_____

_____

10. **¿Qué pasaría** si un círculo gris se cambiara por un diamante blanco? ¿Cómo sería la clasificación de las figuras?

_____

_____

_____

11. ¿Cuál muestra dos maneras de clasificar un conjunto de camisas?

   A niña y niño   C salada y dulce

   B silenciosa   D tamaño y color
   y ruidosa

12. ¿Cuál muestra una manera de clasificar un conjunto de bolas de deporte?

   F tiempo   H sonido

   G temperatura   J color

Práctica

Patrones

Nombra una unidad de patrón. Halla el número o la figura que falta.

1. 2, 5, 9, 2, 5, 9, 2, 5, 9, 2, 5, 9, ☐, 5   _____

2. 5, 0, 9, 0, 5, 0, 9, 0, 5, 0, 9, 0, 5, ☐, 9   _____

3. 6, 1, 9, 2, 6, 1, 9, 2, 6, 1, 9, 2, 6, 1, ☐   _____

4. ☆○□☆○□☆○□☆ ____   _____

Predice cuáles serán los dos números o figuras que siguen en cada patrón.

5. 3, 7, 3, 7, 3, 7, 3, 7, 3, 7, ☐, ☐

6. 2, 2, 8, 2, 2, 8, 2, 2, 8, 2, 2, 8, ☐, ☐

7. 2, 17, 17, 2, 17, 17, 2, ☐, ☐

8. 0, 1, 3, 0, 1, 3, 0, 1, 3, ☐, ☐

9. 1, 9, 5, 7, 1, 9, 5, 7, 1, 9, 5, 7, 1, 9, 5, 7, ☐, ☐

10. 1, 5, 2, 1, 1, 5, 2, 1, 1, 5, 2, 1, 1, 5, 2, 1, 1, 5, ☐, ☐

11. ○○◖○○◖○○◖○ ? ?

12. ●●●■●●●■●●●■●●●■●● ? ?

Resolución de problemas y preparación para el TAKS

13. Alyssa hace un collar con cuentas. Mira el patrón que ella usó.

◼○◇◼○◇◼○◇◼○◇ _?_ ○◇

¿Qué figura falta?

_____

14. Phil pinta un borde de una casa para pájaros. Mira el patrón que usa.

◇●○●◇●○●◇●○●◇●○●◇ ? ? ?

¿Cuáles serán las tres figuras que siguen?

_____

15. ¿Cuáles son los dos números que siguen en el patrón de abajo?

9, 6, 1, 9, 6, 1, 9, 6, 1, ☐, ☐

A 1, 1   C 6, 1

B 1, 9   D 9, 6

16. ¿Cuál es la unidad de patrón en el patrón de abajo?

F □○○□   H □○○

G ○○□○   J ○○□

Práctica

Patrones geométricos

Halla la unidad de patrón o la regla. Después nombra la figura que sigue.

1. △ △△ △△△ △△△△

_____

2. ○○○○○○○○○○○○

_____

3. ▭ ▢▢ ▭ ▢▢ ▭ ▢▢ ▭ ▢▢

_____

4.

_____

Dibuja la figura que falta.

5. ▢ ▢▢▢ ▢▢▢▢▢ ▢▢▢▢▢▢▢   _?_   ▢▢▢▢▢▢▢▢▢▢▢

_____

6. ▽ ▲ △ ▽ ▲ △ _?_

_____

Resolución de problemas y preparación para el TAKS

7. Sam dibujó este patrón:

○ ● ○ ○ _?_ ○ ○ ○ ● ○

Halla la figura que falta.

_____

8. Ayla dibujó este patrón:

○ △ △ ○ △ △ ○ △ △

¿Qué figura sigue?

_____

9.

¿Qué figura sigue?

A ⟨⟨⟨⟩⟩
B ⟨⟨⟨⟨⟩⟩⟩
C ⟨⟨⟨⟨⟨⟩⟩⟩⟩
D ⟨⟨⟨⟨⟨⟨⟩⟩⟩⟩⟩

10.

¿Qué figura sigue?

F   H

G   J

Patrones de números

Escribe una regla para cada patrón. Después halla el número que sigue.

1. 15, 21, 27, 33, 39, 45   **2.** 99, 91, 83, 75, 67   **3.** 7, 10, 13, 16, 19, 22

_____   _____   _____

_____   _____   _____

4. 555, 530, 505, 480, 455, 430   **5.** 4, 8, 13, 17, 22, 26, 31, 35, 40, 44

_____   _____

Halla los números que faltan.

6. 25, 24, 44, ☐, 63, 62

7. 222, 218, 214, ☐, ☐, 202

8. 27, 44, 61, ☐, 95, ☐, 129

9. 33, 36, 46, 49, 59, ☐, 72, ☐

10. 11, 16, 12, 17, 13, ☐, 14, 19, 15, ☐, 16, ☐, 17

11. 5, 10, 20, 25, 35, ☐, 50, 55, ☐, 70, 80

12. 11, 21, 16, 26, 21, 31, 26, ☐, ☐, 41, ☐, 46

13. 8, 9, 11, 14, 18, 23, 29, 36, ☐, 53, ☐, 74

Resolución de problemas y preparación para el TAKS

14. Deanna escribió este patrón.
10, 15, 13, 18, 16, 21, 19, 24.
¿Qué regla usó Deanna?

15. Bob escribió este patrón.
17, 34, 51, 68, 85.
¿Cuál será el siguiente número en el patrón de Bob?

_____   _____

16. María escribió este patrón.
25, 28, 20, 23, ☐, 18, ☐, 13.
¿Qué números faltan?

  A 25, 20   **C** 23, 18

  B 18, 10   **D** 15, 10

17. Eli escribió el siguiente patrón.
12, 23, 22, 33, 32, ☐, ☐, 53.
¿Qué números faltan?

  F 43, 42   **H** 42, 52

  G 53, 22   **J** 37, 39

© Harcourt

Práctica

Extender patrones

Nombra la regla o unidad de patrón. Halla los tres números o figuras que siguen.

1. ↑ ↓↓ ↑↑↑ ↓↓↓↓ ↑↑↑↑↑

_____

_____

2. 21, 27, 24, 30, 27, 33, 30, 36, 33

_____

3. 98, 91, 84, 77, 70, 63

_____

_____

4. ☆ ○ ○ ☆ ○ ○ ☆ ○

_____

_____

Halla las tres figuras que siguen en el patrón.

5. ◗ ◖ ◍ ◗ ◖ ◍ ◗ ◖ ◍ ◗

_____

6. ▲▲ ▽▽▽▽ ▲▲▲▲▲▲ ▽▽▽▽▽▽▽▽

_____

Resolución de problemas y preparación para el TAKS

7. Tara escribió un patrón de números. Empezó con el número 9 y usó la regla de sumar 6. Escribe los primeros cinco números del patrón de Tara.

_____

8. Donald escribió el patrón de números de abajo. Escribe los tres números que siguen en el patrón. 82, 74, 66, 58, 50, 42, 34, 26

_____

9. ¿Cuáles son las tres figuras que siguen en el patrón de abajo?

□ ○ △ □ ○ △ □ ○

A triángulo, círculo, círculo

B triángulo, cuadrado, círculo

C círculo, círculo, cuadrado

D cuadrado, círculo, círculo

10. Carlos hizo un patrón de figuras. La unidad de patrón era estrella, luna, círculo, nube. Carlos dibujó 17 figuras, empezó con la estrella. ¿Qué figura era la número 17?

F luna

G estrella

H nube

J círculo

Práctica

Taller de resolución de problemas
Estrategia: Buscar un patrón

Práctica de la destreza de resolución de problemas

Busca un patrón para resolver.

1. Max usó sellos para hacer un patrón alrededor del borde de un cuadro. La unidad de patrón era 2 triángulos, 3 círculos, 2 cuadrados. Él estampó un total de 28 figuras y empezó con dos triángulos. ¿Qué figura era la número 14? _____

2. Al usó sellos para hacer un patrón alrededor del borde de una pintura. Su unidad de patrón era 3 triángulos, 1 estrella, 1 cuadrado. Estampó un total de 33 figuras y comenzó con una estrella. ¿Qué figura era la número 33?

_____

3. Kya ordenó tarjetas de figuras para hacer un patrón. Ella puso dos de las tarjetas boca abajo. ¿Qué figuras tienen las dos tarjetas que Kya puso boca abajo?

☆ △ ○ ☆ □ ○ ☆ △ □   _____

Práctica de estrategias mixtas

USA DATOS Para los Ejercicios 4 y 5, usa la tabla que sigue.

4. Mara ahorra dinero para comprar un nuevo palo de hockey. Ella ahorró $2 la primera semana, $4 la segunda semana, $6 la tercera semana y $8 la cuarta semana. Si el patrón continúa, ¿cuánto ahorrará Mara la quinta semana? _____

Semana	Ahorros
1	$2
2	$4
3	$6
4	$8
5	

5. ¿Cuánto dinero en total ahorrará Mara durante las 5 semanas? _____

6. June tiene 6 adhesivos. Arnie tiene 11 adhesivos. ¿Cuántos adhesivos más tiene Arnie que June?

7. Kyle tiene 4 paquetes de 6 servilletas cada uno. Pone el mismo número de servilletas en cada una de 8 mesas. ¿Cuántas servilletas pone Kyle en cada mesa?

_____   _____

Práctica

© Harcourt

Álgebra: Relacionar la suma y la multiplicación

Usa fichas para representar. Luego, escribe un enunciado de suma y un
enunciado de multiplicación para cada uno.

1. 3 grupos de 5   **2.** 4 grupos de 7   **3.** 2 grupos de 6   **4.** 4 grupos de 6

_____   _____   _____   _____

_____   _____   _____   _____

Escribe un enunciado de multiplicación para cada uno.

5.    **6.**    **7.**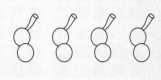

_____   _____   _____

8. $5 + 5 + 5 = 15$ **9.** $6 + 6 + 6 = 18$ **10.** $7 + 7 + 7 = 21$

_____   _____   _____

11. $3 + 3 + 3 + 3 = 12$ **12.** $8 + 8 + 8 = 24$ **13.** $5 + 5 + 5 + 5 = 20$

_____   _____   _____

Resolución de problemas y preparación para el TAKS

14. Mike hornea un pan de manzana.
Por cada hogaza de pan, usa 2
manzanas. Hace 4 hogazas de
pan. ¿Cuántas manzanas usa Mike
en total?

15. Cynthia hace pizzas pequeñas.
Pone 4 champiñones en cada
pizza. ¿Cuántos champiñones usa
Cynthia para hacer 3 pizzas?

_____   _____

16. ¿Cuál es otra manera de mostrar
$3 + 3 + 3 + 3$?

A 4×3

B 4×4

C 3×12

D 3×3

17. ¿Cuál es otra manera de mostrar
$6 + 6 + 6$?

F 6×4

G 3×3

H 3×6

J 6×6

Práctica

Representar con matrices

Escribe un enunciado de multiplicación para cada matriz.

1.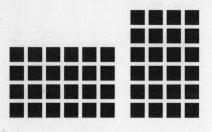

_____

2.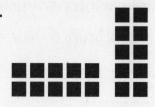

_____

3.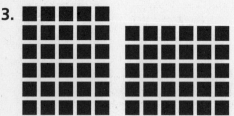

_____

4.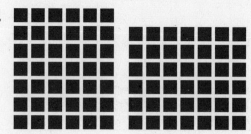

_____

Resolución de problemas y preparación para el TAKS

5. Jerry pone 30 latas de tomates en 6 filas. ¿Cuántas latas había en cada fila?

_____

6. Maya sacó 6 zanahorias de cada una de las 2 filas de su jardín. Usó 4 zanahorias para hacer sopa. De las zanahorias que Maya sacó, ¿cuántas le quedan?

_____

7. Kayla sembró semillas de zanahorias en 5 filas. Sembró 9 semillas en cada fila. ¿Cuál enunciado numérico muestra cuántas semillas sembró Kayla?

   A $9 + 5 = 14$ **C** $5 \times 5 = 25$

   B $5 \times 9 = 45$ **D** $9 \times 9 = 81$

8. Chet apila bloques para hacer una pared. Usó 32 bloques. Puso 8 bloques en cada fila. ¿Cuántas filas hizo Chet?

   F 4   **H** 9

   G 6   **J** 12

Multiplicar por 2

Escribe un enunciado de multiplicación para cada uno.

1.

2.

3.

4.

_____ _____ _____ _____

Halla el producto.

5. $2 \times 7 =$ ____   6. $5 \times 2 =$ ____   7. $2 \times 4 =$ ____   8. $3 \times 2 =$ ____

9. $\begin{array}{r} 2 \\ \times 3 \\ \hline \end{array}$ 10. $\begin{array}{r} 5 \\ \times 2 \\ \hline \end{array}$ 11. $\begin{array}{r} 2 \\ \times 8 \\ \hline \end{array}$ 12. $\begin{array}{r} 2 \\ \times 6 \\ \hline \end{array}$ 13. $\begin{array}{r} 3 \\ \times 2 \\ \hline \end{array}$ 14. $\begin{array}{r} 2 \\ \times 4 \\ \hline \end{array}$

15. $\begin{array}{r} 6 \\ \times 2 \\ \hline \end{array}$ 16. $\begin{array}{r} 2 \\ \times 7 \\ \hline \end{array}$ 17. $\begin{array}{r} 2 \\ \times 2 \\ \hline \end{array}$ 18. $\begin{array}{r} 7 \\ \times 2 \\ \hline \end{array}$ 19. $\begin{array}{r} 4 \\ \times 2 \\ \hline \end{array}$ 20. $\begin{array}{r} 9 \\ \times 2 \\ \hline \end{array}$

Resolución de problemas y preparación para el TAKS

21. Siete amigos van a nadar. Cada uno paga $2 por el uso de la piscina. ¿Cuánto dinero pagaron en total los amigos por el uso de la piscina?

22. Darius y Marvin usa cada uno 3 disfraces en la obra de teatro de la escuela. ¿Cuántos disfraces usan Darius y Marvin en total?

_____

23. Savannah y George usaron cada uno 4 disfraces en la obra de teatro de la escuela. ¿Cuál enunciado numérico muestra el total de disfraces que usaron Savannah y George?

A $2 \times 4 = 8$

B $3 \times 2 = 6$

C $5 + 2 = 7$

D $4 \times 2 = 6$

24. Hay 2 filas con 9 latas en cada fila. ¿Cuál enunciado numérico muestra cuántas latas hay en total?

F $9 + 2 = 11$

G $9 \times 3 = 21$

H $2 + 9 = 11$

J $2 \times 9 = 18$

Práctica

Multiplicar por 4

Halla el producto.

1.

2.

3.

_____   _____   _____

4. $4 \times 5 =$ ___   5. $4 \times 4 =$ ___   6. $2 \times 4 =$ ___   7. $3 \times 4 =$ ___

8. $\begin{array}{r} 4 \\ \times 3 \\ \hline \end{array}$ 9. $\begin{array}{r} 5 \\ \times 4 \\ \hline \end{array}$ 10. $\begin{array}{r} 4 \\ \times 6 \\ \hline \end{array}$ 11. $\begin{array}{r} 4 \\ \times 9 \\ \hline \end{array}$ 12. $\begin{array}{r} 7 \\ \times 4 \\ \hline \end{array}$ 13. $\begin{array}{r} 8 \\ \times 4 \\ \hline \end{array}$

Resolución de problemas y preparación para el TAKS

14. El hermano de Mary le dio algunos carros de juguete. Estos carros tienen 36 llantas en total. Cada carro tiene 4 llantas. ¿Cuántos carros de juguete recibió Mary?

15. Eli tiene 3 carros de juguete. Andy tiene 2 carros de juguete. Amanda tiene 4 carros de juguete. Cada carro tiene 4 llantas. ¿Cuántas llantas tienen los carros de juguete en total?

_____

16. Sasha tiene 7 carros de juguete. Cada carro de juguete tiene 4 llantas. ¿Cuántas llantas tienen los carros de Sasha en total?

A 11   C 24

B 21   D 28

17. En un estante hay 4 filas de 8 carros de juguete. ¿Cuál enunciado numérico muestra cuántos carros de juguete hay en el estante en total?

F $8 + 4 = 12$ H $4 \times 8 = 32$

G $9 \times 4 = 36$ J $4 \times 7 = 28$

Práctica

Álgebra: Multiplicar por 1 y 0

Halla el producto.

1. $6 \times 1 =$ _____   **2.** $0 \times 9 =$ _____   **3.** $1 \times 4 =$ _____   **4.** $8 \times 0 =$ _____

5. $\begin{array}{r} 0 \\ \times 6 \\ \hline \end{array}$ **6.** $\begin{array}{r} 9 \\ \times 1 \\ \hline \end{array}$ **7.** $\begin{array}{r} 4 \\ \times 0 \\ \hline \end{array}$ **8.** $\begin{array}{r} 5 \\ \times 1 \\ \hline \end{array}$ **9.** $\begin{array}{r} 3 \\ \times 0 \\ \hline \end{array}$ **10.** $\begin{array}{r} 1 \\ \times 8 \\ \hline \end{array}$

11. $\begin{array}{r} 2 \\ \times 1 \\ \hline \end{array}$ **12.** $\begin{array}{r} 1 \\ \times 6 \\ \hline \end{array}$ **13.** $\begin{array}{r} 1 \\ \times 4 \\ \hline \end{array}$ **14.** $\begin{array}{r} 0 \\ \times 1 \\ \hline \end{array}$ **15.** $\begin{array}{r} 3 \\ \times 1 \\ \hline \end{array}$ **16.** $\begin{array}{r} 1 \\ \times 0 \\ \hline \end{array}$

Escribe un enunciado de multiplicación que se muestra en cada recta numérica.

17.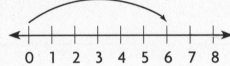

18.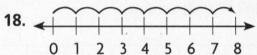

_____   _____

Halla el número que falta.

19. $5 \times \boxed{} = 0$ **20.** $1 \times \boxed{} = 9$ **21.** $7 \times \boxed{} = 7$ **22.** $0 \times 52 =$ _____

Resolución de problemas y preparación para el TAKS

23. En la granja, Kaitlyn vio 9 conejos. Cada conejo estaba cerca de su tazón de agua. ¿Cuántos tazones de agua vio Kaitlyn en la granja?

24. Cody vio 8 terneros en su visita a la granja. Ninguno de los terneros tenía cuernos. ¿Cuántos cuernos vio Cody en la granja?

_____   _____

25. Chloe tiene 6 bolsillos. Tiene 1 moneda en cada bolsillo. ¿Cuál enunciado numérico muestra cuántas monedas tiene Chloe en todos sus bolsillos?

A $1 + 6 = 7$ **C** $6 \times 1 = 6$

B $0 \times 6 = 0$ **D** $6 \times 0 = 6$

26. Len tiene 7 bolsillos. Tiene 0 monedas en cada bolsillo. ¿Cuál enunciado numérico muestra cuántas monedas tiene Len en todos sus bolsillos?

F $7 \times 0 = 7$ **H** $7 \times 1 = 7$

G $0 \times 7 = 0$ **J** $1 + 7 = 8$

Práctica

Nombre _____

Taller de resolución de problemas
Estrategia: Hacer un dibujo

Resolución de problemas • Práctica de la estrategia

Haz un dibujo para resolver.

1. El Sr. Jardín tiene 8 plantas de tomate. En cada planta de tomate hay 7 tomates maduros. ¿Cuántos tomates maduros tiene el Sr. Jardín en total?

2. En la banda hay 4 filas de instrumentos de viento. Cada fila tiene 9 instrumentos de viento. ¿Cuántos instrumentos de viento hay en la banda en total?

3. Cuatro estudiantes, que están sentados a la misma mesa, en sus almuerzos tienen tajadas de manzana. Si cada estudiante tiene 6 tajadas, ¿cuántas tajadas hay en la mesa en total?

Práctica de estrategias mixtas

4. Hay 8 tambores en una banda. Cada tambor tiene 2 palitos. ¿Cuántos palitos tienen en total los tambores?

5. Matthew hace una pizza grande para su fiesta. Hay 8 personas en la fiesta. Cada persona se comerá una porción. ¿En cuántas porciones deberá cortar la pizza Matthew?

6. En la mesa de Adam, 7 estudiantes tienen su porción de arvejas y ninguno tiene de espinaca. ¿Cuántas porciones de arvejas y de espinaca hay en la mesa de Adam en total? Muestra tu trabajo.

7. **Problema abierto** Lea hace un collar con 5 cuentas. Ella inserta una cuenta roja al principio y al final. La segunda y cuarta cuenta son amarillas. La cuenta del medio es anaranjada. Describe el patrón de cuentas.

Práctica

Multiplicar por 5 y 10

Halla el producto.

1. $10 \times 7 =$ ___   2. ___ $= 5 \times 4$ 3. $8 \times 10 =$ ___   4. ___ $= 5 \times 7$

5. $0 \times 10 =$ ___   6. ___ $= 10 \times 4$ 7. $5 \times 1 =$ ___   8. ___ $= 10 \times 3$

9. $2 \times 5 =$ ___   10. $0 \times 10 =$ ___   11. $10 \times 8 =$ ___   12. ___ $= 5 \times 3$

13. $\begin{array}{r} 3 \\ \times 5 \\ \hline \end{array}$ 14. $\begin{array}{r} 10 \\ \times 1 \\ \hline \end{array}$ 15. $\begin{array}{r} 5 \\ \times 5 \\ \hline \end{array}$ 16. $\begin{array}{r} 4 \\ \times 5 \\ \hline \end{array}$ 17. $\begin{array}{r} 5 \\ \times 10 \\ \hline \end{array}$ 18. $\begin{array}{r} 10 \\ \times 7 \\ \hline \end{array}$

19. $\begin{array}{r} 10 \\ \times 4 \\ \hline \end{array}$ 20. $\begin{array}{r} 9 \\ \times 5 \\ \hline \end{array}$ 21. $\begin{array}{r} 7 \\ \times 5 \\ \hline \end{array}$ 22. $\begin{array}{r} 5 \\ \times 1 \\ \hline \end{array}$ 23. $\begin{array}{r} 5 \\ \times 6 \\ \hline \end{array}$ 24. $\begin{array}{r} 10 \\ \times 9 \\ \hline \end{array}$

Resolución de problemas y preparación para el TAKS

25. Un carro puede llevar hasta 5 personas. Hay 6 carros. ¿Cuál es el número mayor de personas que pueden ir en los carros al mismo tiempo?

26. El coro de la escuela está de pie en 6 filas con 10 estudiantes en cada fila. ¿Cuántos estudiantes hay en el coro de la escuela?

_____

27. Un juego de cubiertos incluye 5 piezas: 2 cucharas, 2 tenedores y 1 cuchillo. ¿Cuántas piezas hay en 8 juegos de cubiertos?

A 13
B 20
C 40
D 80

28. Un doctor atiende a 10 pacientes cada día. Si un consultorio tiene 5 doctores, ¿cuál es el número mayor de pacientes que ellos pueden atender cada día?

F 15
G 50
H 100
J 150

Multiplicar por 3

Halla el producto.

1. $4 \times 3 =$ ___   2. $7 \times 3 =$ ___   3. ___ $= 3 \times 9$

4. ___ $= 5 \times 3$ 5. ___ $= 3 \times 3$ 6. $5 \times 3 =$ ___

7. ___ $= 3 \times 8$ 8. $6 \times 3 =$ ___   9. ___ $= 3 \times 0$

10. $\begin{array}{r} 6 \\ \times 3 \\ \hline \end{array}$ 11. $\begin{array}{r} 3 \\ \times 1 \\ \hline \end{array}$ 12. $\begin{array}{r} 4 \\ \times 3 \\ \hline \end{array}$ 13. $\begin{array}{r} 8 \\ \times 3 \\ \hline \end{array}$

14. $\begin{array}{r} 7 \\ \times 3 \\ \hline \end{array}$ 15. $\begin{array}{r} 9 \\ \times 3 \\ \hline \end{array}$ 16. $\begin{array}{r} 0 \\ \times 3 \\ \hline \end{array}$ 17. $\begin{array}{r} 3 \\ \times 3 \\ \hline \end{array}$

Resolución de problemas y preparación para el TAKS

18. Un diseño tiene 5 triángulos. ¿Cuántos lados tienen 5 triángulos?

_____

19. Un bote puede llevar hasta 3 personas. ¿Cuál es el número menor de botes que se necesita para llevar a 24 personas? Explica.

_____

20. Hay 8 panes en cada bolsa de panes para hamburguesa. Si tienes 3 bolsas de panes para hamburguesa, ¿cuántos panes para hamburguesa tienes en total?

   A 8
   B 11
   C 16
   D 24

21. Una pinta de helado alcanza para 3 personas. ¿Para cuántas personas alcanzan 5 pintas de helado?

   F 3
   G 5
   H 15
   J 30

Práctica

Multiplicar por 6

Halla el producto.

1. $9 \times 6 =$ ___

2. ___ $= 6 \times 8$

3. $4 \times 6 =$ ___

4. ___ $= 6 \times 7$

5. $6 \times 1 =$ ___

6. ___ $= 6 \times 6$

7. $6 \times 0 =$ ___

8. ___ $= 5 \times 6$

9. $5 \times 5 =$ ___

10. $\begin{array}{r} 4 \\ \times 6 \\ \hline \end{array}$

11. $\begin{array}{r} 9 \\ \times 6 \\ \hline \end{array}$

12. $\begin{array}{r} 6 \\ \times 8 \\ \hline \end{array}$

13. $\begin{array}{r} 6 \\ \times 1 \\ \hline \end{array}$

14. $\begin{array}{r} 6 \\ \times 9 \\ \hline \end{array}$

15. $\begin{array}{r} 6 \\ \times 7 \\ \hline \end{array}$

16. $\begin{array}{r} 2 \\ \times 6 \\ \hline \end{array}$

17. $\begin{array}{r} 6 \\ \times 6 \\ \hline \end{array}$

Resolución de problemas y preparación para el TAKS

18. La sala de lectura tiene 9 filas, con 6 sillas en cada fila. ¿Cuántas sillas hay en la sala de lectura?

19. Lila vio 6 patos. Cada pato tiene 2 alas. ¿Cuántas alas tienen los 6 patos?

20. Ken tiene 6 páginas de adhesivos. Cada página tiene 8 adhesivos. ¿Cuántos adhesivos tiene Ken?

   A 40

   B 46

   C 48

   D 60

21. Los camiones para trabajo pesado tienen 6 llantas. ¿Cuántas llantas tienen 5 camiones para trabajo pesado?

   F 30

   G 36

   H 55

   J 60

Práctica

Practicar las operaciones

Halla el producto.

1. $10 \times 8 =$ _____

2. $3 \times 0 =$ _____

3. _____ $= 4 \times 6$

4. _____ $= 9 \times 3$

5. $6 \times 5 =$ _____

6. _____ $= 2 \times 8$

7. _____ $= 1 \times 5$

8. $6 \times 10 =$ _____

9. $5 \times 3 =$ _____

10. $\begin{array}{r} 3 \\ \times 4 \\ \hline \end{array}$

11. $\begin{array}{r} 6 \\ \times 6 \\ \hline \end{array}$

12. $\begin{array}{r} 9 \\ \times 1 \\ \hline \end{array}$

13. $\begin{array}{r} 7 \\ \times 5 \\ \hline \end{array}$

Muestra dos maneras diferentes para hallar cada producto.

14. $3 \times 7 =$ _____

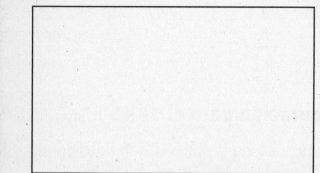

15. _____ $= 5 \times 2$

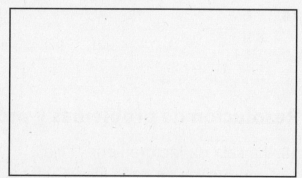

Resolución de problemas y preparación para el TAKS

16. Una vaca come 2 pacas de heno en una semana. ¿Cuántas pacas de heno come una vaca en 6 semanas?

_____

17. Ryan tiene 21 pelotas de béisbol. Si él las guarda en 3 filas iguales, ¿cuántas pelotas de béisbol hay en cada fila?

_____

18. ¿Qué operación de multiplicación muestra el siguiente dibujo?

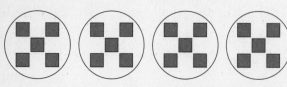

A $5 \times 3 = 15$ **C** $5 \times 5 = 25$

B $4 \times 5 = 20$ **D** $6 \times 5 = 30$

19. Glenn compró 5 paquetes de tarjetas postales. Cada paquete tiene 10 tarjetas postales. ¿Cuántas tarjetas postales compró Glenn? Explica.

_____

_____

Nombre _____

Taller de resolución de problemas
Estrategia: Hacer una dramatización

Resolución de problemas • Práctica de la estrategia

Haz una dramatización para resolver.

1. Luis pone cubos de hielo en vasos para las bebidas de sus amigos. Pone 3 cubos de hielo en cada vaso. Si Luis tiene 9 amigos, ¿cuántos cubos de hielo usa Luis?

_____

2. Rebecca reparte cupones. Entrega 4 cupones a cada cliente. Si Rebecca tiene 6 clientes, ¿cuántos cupones reparte?

_____

3. Cuatro hombres están en una fila. Fred está delante de Rex. Ken está detrás de Rex. William está delante de Fred. ¿Quién es el primero en la fila?

_____

4. Vic reparte lápices para dibujar. Cada estudiante recibe 5 lápices. Si hay 9 estudiantes, ¿cuántos lápices reparte Vic?

_____

Práctica de estrategias mixtas

5. Donald hace rollos de sushi. Tarda 5 minutos para hacer cada rollo. ¿Cuántos minutos tardará Donald en hacer 7 rollos?

_____

6. Tina tiene 4 monedas de 10¢, 5 monedas de 5¢ y 4 monedas de 1¢. ¿Cuánto dinero tiene Tina en total?

_____

USA DATOS Para los Ejercicios 7 y 8, usa la tabla.

7. Jenny compró 3 paquetes de camisetas. ¿Cuántas camisetas compró en total?

_____

8. ¿Cuál tiene más artículos, 3 paquetes de medias o 3 paquetes de cintas?

_____

Paquetes de ropa	
Artículo	Número en el paquete
Medias	6
Camisetas	2
Cintas	4

© Harcourt

Multiplicar con 8

Halla el producto.

1. $8 \times 3 =$ _____   2. $10 \times 8 =$ ____   3. $1 \times 8 =$ ____   4. $7 \times 5 =$ ____

5. $7 \times 9 =$ _____   6. $8 \times 4 =$ _____   7. $8 \times 9 =$ ____   8. $4 \times 4 =$ ____

9. $\begin{array}{r} 8 \\ \times 7 \\ \hline \end{array}$ 10. $\begin{array}{r} 1 \\ \times 8 \\ \hline \end{array}$ 11. $\begin{array}{r} 3 \\ \times 7 \\ \hline \end{array}$ 12. $\begin{array}{r} 3 \\ \times 8 \\ \hline \end{array}$ 13. $\begin{array}{r} 6 \\ \times 3 \\ \hline \end{array}$ 14. $\begin{array}{r} 9 \\ \times 8 \\ \hline \end{array}$

15. $\begin{array}{r} 6 \\ \times 8 \\ \hline \end{array}$ 16. $\begin{array}{r} 4 \\ \times 8 \\ \hline \end{array}$ 17. $\begin{array}{r} 2 \\ \times 9 \\ \hline \end{array}$ 18. $\begin{array}{r} 8 \\ \times 2 \\ \hline \end{array}$ 19. $\begin{array}{r} 8 \\ \times 8 \\ \hline \end{array}$ 20. $\begin{array}{r} 5 \\ \times 8 \\ \hline \end{array}$

Resolución de problemas y preparación para el TAKS

USA DATOS Para los Ejercicios 21 a 22, usa la tabla.

21. Si el tallo de frijol de Kayle crece la misma cantidad cada semana, ¿cuánto medirá después de 6 semanas?

_____

22. Si los tallos de frijoles crecen la misma cantidad cada semana, ¿cuánto más alto será el tallo de frijol de Kaylie que el tallo de frijol de Amy, después de 8 semanas?

_____

Crecimiento del tallo de frijol en 1 semana	
Estudiante	Altura del tallo de frijol
Kaylie	8 pulgadas
Bret	6 pulgadas
Amy	4 pulgadas

23. En el parque para perros hay 8 perros. A cada perro le dan 3 huesos. ¿Cuántos huesos repartieron en el parque para perros?

   A 21   C 23

   B 24   D 28

24. Hay 6 pedazos de fruta en cada bolsa. Sandra compró 8 bolsas. ¿Cuántos pedazos de fruta compró Sandra?

   F 42   H 45

   G 48   J 14

Práctica

Álgebra: Patrones con 9

Halla cada producto.

1. ____ = 9 × 3   2. 9 × 4 = ____   3. ____ = 9 × 8   4. 9 × 5 = ____

5. 7 × 9 = ____   6. ____ = 3 × 4   7. 9 × 9 = ____   8. ____ = 5 × 4

9. 9   10. 9   11. 6   12. 9   13. 9   14. 9
   ×1   ×2   ×3   ×6   ×7   ×8

Compara. Escribe <, > ó = para cada ◯.

15. 5 × 8 ◯ 6 × 7   16. 9 × 3 ◯ 4 × 7   17. 3 × 6 ◯ 2 × 8

18. 4 × 3 ◯ 2 × 6   19. 9 × 4 ◯ 6 × 6   20. 9 × 5 ◯ 8 × 4

Resolución de problemas y preparación para el TAKS

21. Un modelo de sistema solar incluye 8 planetas. ¿Cuántos planetas hay en 8 modelos?

22. Bob tiene 4 plantas. Ron tiene 9 veces tantas plantas como Bob. ¿Cuántas plantas tiene Ron?

23. Un paquete de lápices tiene 9 lápices. ¿Cuántos lápices hay en 3 paquetes?

A 6
B 9
C 18
D 27

24. La Sra. Lee llevó 9 niños al zoológico. Cada entrada cuesta $4. ¿Cuánto costó llevar a los 9 niños al zoológico?

F $4
G $9
H $13
J $36

Multiplicar por 7

Halla el producto.

1. $7 \times 3 =$ _____   2. $9 \times 7 =$ _____   3. $7 \times 8 =$ _____   4. $6 \times 5 =$ _____

5. $7 \times 1 =$ _____   6. $4 \times 7 =$ _____   7. $6 \times 8 =$ _____   8. $5 \times 7 =$ _____

9. $\begin{array}{r} 8 \\ \times 5 \\ \hline \end{array}$ 10. $\begin{array}{r} 2 \\ \times 7 \\ \hline \end{array}$ 11. $\begin{array}{r} 6 \\ \times 7 \\ \hline \end{array}$ 12. $\begin{array}{r} 7 \\ \times 7 \\ \hline \end{array}$ 13. $\begin{array}{r} 9 \\ \times 7 \\ \hline \end{array}$ 14. $\begin{array}{r} 7 \\ \times 5 \\ \hline \end{array}$

15. $\begin{array}{r} 4 \\ \times 6 \\ \hline \end{array}$ 16. $\begin{array}{r} 7 \\ \times 4 \\ \hline \end{array}$ 17. $\begin{array}{r} 8 \\ \times 7 \\ \hline \end{array}$ 18. $\begin{array}{r} 9 \\ \times 3 \\ \hline \end{array}$ 19. $\begin{array}{r} 7 \\ \times 1 \\ \hline \end{array}$ 20. $\begin{array}{r} 7 \\ \times 6 \\ \hline \end{array}$

Resolución de problemas y preparación para el TAKS

USA DATOS Para los Ejercicios 21 y 22, usa la tabla.

21. Molly va a hacer mezcla para refrigerio para la fiesta de Ben. Ella quiere hacer 7 tandas. ¿Cuántas tazas de cereal de trigo necesitará Molly?

_____

Receta de mezcla para refrigerio para 1 tanda	
Ingredientes	Cantidad de tazas
Cereal de trigo	4
Arroz crujiente	2
Tostadas de ajonjolí	1

22. Si Molly hace 7 tandas de mezcla para refrigerio, ¿cuántas tazas de ingredientes necesitará en total? _____

23. Adriana hace panecillos con un molde que contiene 7 panecillos. ¿Cuántos panecillos puede hacer Adriana con 4 moldes?

   A 14
   B 21
   C 28
   D 35

24. Una caja tiene 7 galletas para perro. Dan tiene 3 cajas de galletas. ¿Cuántas galletas para perro tiene Dan?

   F 14
   G 21
   H 28
   J 35

© Harcourt

Práctica

Álgebra: Practicar las operaciones

Halla el producto.

1. $4 \times 5 =$ ___   2. ___ $= 8 \times 9$ 3. $7 \times 5 =$ ___   4. ___ $= 6 \times 6$

5. $3 \times 2 =$ ___   6. ___ $= 6 \times 7$ 7. ___ $= 9 \times 4$ 8. $5 \times 8 =$ ___

9. $\begin{array}{r} 4 \\ \times 9 \\ \hline \end{array}$ 10. $\begin{array}{r} 2 \\ \times 7 \\ \hline \end{array}$ 11. $\begin{array}{r} 8 \\ \times 8 \\ \hline \end{array}$ 12. $\begin{array}{r} 9 \\ \times 3 \\ \hline \end{array}$ 13. $\begin{array}{r} 5 \\ \times 8 \\ \hline \end{array}$ 14. $\begin{array}{r} 7 \\ \times 6 \\ \hline \end{array}$

Halla el número que falta.

15. $\boxed{} \times 8 = 32$ 16. $7 \times 8 = \boxed{}$ 17. $\boxed{} \times 6 = 24$

18. $5 \times \boxed{} = 45$ 19. $\boxed{} \times 9 = 27$ 20. $6 \times \boxed{} = 48$

Explica dos maneras diferentes de hallar el producto.

21. ___ $= 9 \times 9$ _____

22. ___ $= 10 \times 8$ _____

Compara. Escribe $<$, $>$ ó $=$ para cada $\bigcirc$.

23. $3 \times 8 \bigcirc 4 \times 6$ 24. $9 \times 5 \bigcirc 6 \times 8$ 25. $4 \times 7 \bigcirc 9 \times 3$

Resolución de problemas y preparación para el TAKS

26. Cada equipo de básquetbol tiene 8 jugadores. ¿Cuántos jugadores hay en 7 equipos de básquetbol?

_____

27. Cada equipo de tenis tiene 9 jugadores. ¿Cuántos jugadores hay en 3 equipos de tenis?

_____

28. ¿Cuál es el enunciado numérico correcto para la matriz?

   A $7 \times 6 = 42$
   B $6 \times 8 = 48$
   C $6 \times 7 = 48$
   D $8 \times 6 = 42$

29. ¿Cuál es mayor que 9×4?

   F 3×9
   G 5×7
   H 8×5
   J 5×6

Práctica

Multiplicar por 11 y 12

Halla el producto.

1. $4 \times 11 =$ ___   2. $12 \times 3 =$ ___   3. $7 \times 10 =$ ___   4. ___ $= 12 \times 8$

5. $11 \times 0 =$ ___   6. ___ $= 5 \times 7$ 7. $12 \times 7 =$ ___   8. $9 \times 10 =$ ___

9. $\begin{array}{r} 7 \\ \times 6 \\ \hline \end{array}$ 10. $\begin{array}{r} 10 \\ \times 5 \\ \hline \end{array}$ 11. $\begin{array}{r} 12 \\ \times 6 \\ \hline \end{array}$ 12. $\begin{array}{r} 11 \\ \times 7 \\ \hline \end{array}$ 13. $\begin{array}{r} 12 \\ \times 5 \\ \hline \end{array}$ 14. $\begin{array}{r} 11 \\ \times 9 \\ \hline \end{array}$

Resolución de problemas y preparación para el TAKS

USA DATOS Para los Ejercicios 15 y 16, usa la gráfica.

15. La gráfica muestra el número de millas que algunos estudiantes recorren para ir a la escuela. ¿Cuántas millas recorrerá Zack de ida y regreso a la escuela en 11 días de escuela?

_____

Millas del hogar a la escuela

16. ¿Cuántas millas recorrerá Carolyn de ida y regreso a la escuela en 11 días de escuela?

_____

17. ¿Cuál es el producto?
   $5 \times 11 =$ ___

   A 50
   B 55
   C 60
   D 65

18. Un cartón de huevos contiene 12 huevos. ¿Cuántos huevos hay en 5 cartones?

   F 50
   G 65
   H 60
   J 55

Práctica

Taller de resolución de problemas
Estrategia: Comparar estrategias

Resolución de problemas • Práctica de la estrategia

1. Los linces pueden tener una camada de 3 crías. ¿Cuál es el mayor número de crías que podrían tener 7 linces?

Haz un dibujo para resolver.

Haz una tabla para resolver.

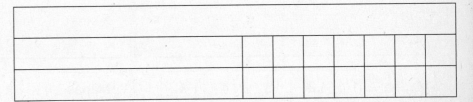

2. June va de excursión 4 veces cada semana. ¿Cuántas veces va de excursión June en 6 semanas?

Haz un dibujo para resolver.

Haz una tabla para resolver.

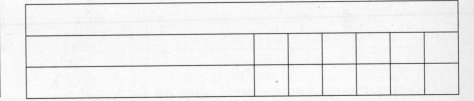

Práctica de estrategias mixtas

3. William siempre ve 8 murciélagos en su patio al atardecer. ¿Cuántos murciélagos verá William en 5 días? Muestra tu trabajo.

_____

4. **USA DATOS** ¿Cuántos estudiantes votaron por su bebida favorita en total? Muestra tu trabajo.

_____

Bebidas favoritas	
Bebidas	**Número de votos**
Jugo de naranja	8
Leche	5
Agua	3

Álgebra: Hallar una regla

Escribe una regla para cada tabla. Luego completa la tabla.

1. _____

Niños	1	2	3	4	5
Número de mochilas	5	10			

2. _____

Juegos	2	3	4	5	6
Jugadores	6	9			

3. _____

Mapas	1	2	3	4	5
Costo	$4	$8			

4. _____

Mapas	3	4	5	6	7
Campistas	6	8			

Resolución de problemas y preparación para el TAKS

USA DATOS Para los ejercicios 5 y 6, usa la tabla de abajo.

5. Escribe una regla para la información de esta tabla.

_____

Canoas	1	2	3	4
Campistas	3	6	9	

6. ¿Cuántos campistas pueden caber en 4 canoas? _____

7. En un bote de remos caben 6 personas. ¿Cuántas personas pueden caber en 5 botes?

A 15   C 30

B 16   D 36

8. Cada campista necesita 2 galletas para hacer bocadillos de malvavisco. ¿Cuántas galletas necesitan 5 campistas para hacer bocadillos de malvavisco?

F 10   H 25

G 20   J 50

Práctica

Álgebra: Factores que faltan

Halla el factor que falta.

1. $\square \times 5 = 30$

2. $\square \times 7 = 28$

3. $4 \times \square = 16$

4. $\square \times 9 = 27$

5. $9 \times \square = 36$

6. $\square \times 8 = 56$

7. $5 \times \square = 40$

8. $6 \times \square = 48$

9. $\square \times 3 = 18$

10. $n \times 7 = 56$

11. $5 \times k = 45$

12. $3 \times g = 12$

_____

_____

_____

13. $d \times 5 = 10 + 5$

14. $4 \times t = 8 \times 3$

15. $a \times 7 = 30 - 2$

_____

_____

_____

Resolución de problemas y preparación para el TAKS

16. Chloe fue de campamento. Trajo suficiente alimento para 18 comidas. Comió 3 comidas al día. ¿Para cuántos días llevó comida Chloe?

_____

17. Lisa está cocinando al aire libre. Quiere hacer 18 hot dogs. Los panes para hot dog que compra vienen en paquetes de 6. ¿Cuántos paquetes de pan necesita comprar Lisa?

_____

18. ¿Cuál es el factor que falta?

$$\square \times 4 = 36$$

A 6

B 7

C 8

D 9

19. Todd quiere llevar jugo a un día de campo. Habrá 24 personas en la merienda. El jugo viene en paquetes de 6. ¿Cuántos paquetes necesita llevar para que cada persona reciba un jugo?

F 3

G 4

H 6

J 8

Práctica

Álgebra: Multiplicar 3 factores

Halla el producto.

1. $(4 \times 2) \times 3$ **2.** $7 \times (2 \times 4)$ **3.** $(5 \times 1) \times 9$ **4.** $(3 \times 3) \times 2$

_____   _____   _____   _____

5. $6 \times (2 \times 2)$ **6.** $(4 \times 1) \times 4$ **7.** $(2 \times 3) \times 6$ **8.** $7 \times (2 \times 2)$

_____   _____   _____   _____

Usa paréntesis. Halla el producto.

9. $2 \times 3 \times 5$ **10.** $1 \times 7 \times 6$ **11.** $3 \times 2 \times 6$ **12.** $4 \times 2 \times 7$

_____   _____   _____   _____

13. $3 \times 3 \times 9$ **14.** $6 \times 4 \times 2$ **15.** $7 \times 8 \times 1$ **16.** $9 \times 3 \times 2$

_____   _____   _____   _____

Halla el factor que falta.

17. $(3 \times \boxed{}) \times 5 = 30$ **18.** $7 \times (\boxed{} \times 2) = 42$ **19.** $(\boxed{} \times 4) \times 6 = 48$

Resolución de problemas y preparación para el TAKS

20. Una montaña rusa tiene 2 trenes. Cada tren tiene 10 filas de asientos. Cada fila tiene 2 asientos. ¿Cuántos asientos hay en la montaña rusa?

_____

21. Una montaña rusa tiene 5 carros. Cada carro tiene 2 filas de asientos. Cada fila tiene 2 asientos. ¿Cuántos asientos hay en la montaña rusa?

_____

22. ¿Cuál es el producto?

$4 \times 5 \times 2 = \boxed{}$.

A 18

B 20

C 40

D 50

23. Un tren subterráneo tiene 2 vagones. Cada vagón tiene 5 filas de asientos. Cada fila tiene 5 asientos. ¿Cuántos asientos hay en el tren subterráneo?

F 40

G 50

H 60

J 70

© Harcourt

Práctica

Álgebra: Propiedades de la multiplicación

Halla el producto. Di cuál propiedad usaste.

1. 4×3

2. 1×9

3. $7 \times 0 =$

_____

_____

_____

4. $(2 \times 3) \times 2$

5. 4×9

6. $2 \times (3 \times 3)$

_____

_____

_____

7. $8 \times 1 =$

8. 7×3

9. 0×5

_____

_____

_____

10. $6 \times 7 =$

11. $4 \times (5 \times 1)$

12. 6×3

_____

_____

_____

Halla el factor que falta.

13. $6 \times \boxed{} = 8 \times 6$

14. $7 \times 0 = \boxed{} \times 7$

15. $(2 \times \boxed{}) \times 7 = 2 \times (2 \times 7)$

Resolución de problemas y preparación para el TAKS

16. Holly compró 4 bolas de estambre. Cada bola de estambre cuesta $7. ¿Cuánto dinero gastó Holly?

17. Alice quiere tejer 3 sombreros. Necesita 2 bolas de estambre para cada sombrero. ¿Cuántas bolas de estambre usará Alice?

_____

_____

18. ¿Cuál es un ejemplo de la propiedad del cero de la multiplicación?

A $2 \times 1 = 2$

B $2 \times 7 = 7 \times 2$

C $2 \times 0 = 0$

D $2 \times 7 (2 \times 4) = 2 \times 2) \times 4$

19. ¿Cuál es un ejemplo de la propiedad asociativa de la multiplicación?

F $4 \times 6 = 6 \times 4$

G $(2 \times 2) \times 5 = 2 \times (2 \times 5)$

H $0 \times 7 = 0$

J $8 \times 1 = 8$

Práctica

Nombre _____

Taller de resolución de problemas
Destreza: Problemas de varios pasos

Práctica de la destreza de resolución de problemas

1. Los boletos para una película cuestan $8 para adultos y $6 para niños. La familia Kim compra 5 boletos. Compran 2 boletos para adultos y 3 para niños. ¿Cuánto le cuesta a la familia Kim ir al cine?

_____

2. Un campamento de verano rentó 2 canoas y 3 botes de remos. En cada canoa caben 3 personas y en cada bote de remos caben 4 personas. ¿Cuántas personas a la vez pueden salir a navegar en las canoas y en los botes de remos rentados por este campamento de verano?

_____

3. Stan está en el circo. Compra 4 refrescos y 2 sándwiches. Los refrescos cuestan $3 cada uno y los sándwiches cuestan $4 cada uno. ¿Cuánto gastó Stan en total?

_____

Aplicaciones mixtas

4. **USA DATOS** Jane fue a comprar materiales para la escuela. Compró 2 paquetes de bolígrafos y 3 borradores. ¿Cuánto gastó Jane en total?

_____

Materiales para la escuela	
Artículo	Costo
bolígrafos	$3 por paquete
marcadores	$6 por paquete
borradores	$1 cada uno
carpetas	50¢ cada una

5. David recibió una bicicleta como regalo. La primera semana que la tuvo, recorrió 7 millas y la segunda semana, 10 millas. Durante la tercera semana, David recorrió el doble de millas que en las dos primeras semanas juntas. ¿Cuántas millas recorrió David en su bicicleta durante la tercera semana que la tuvo?

_____

© Harcourt

Práctica

Álgebra: Múltiplos en una tabla de centenas

Halla y escribe los múltiplos que faltan.

1. Múltiplos de 10.   **2.** Múltiplos de 3.   **3.** Múltiplos de 9.

1	2	3	4	5	6	7	8	9	10
11	12	13	14	15	16	17	18	19	20
21	22	23	24	25	26	27	28	29	30
31	32	33	34	35	36	37	38	39	40
41	42	43	44	45	46	47	48	49	50
51	52	53	54	55	56	57	58	59	60
61	62	63	64	65	66	67	68	69	70

1	2	3	4	5	6	7	8	9	10
11	12	13	14	15	16	17	18	19	20
21	22	23	24	25	26	27	28	29	30
31	32	33	34	35	36	37	38	39	40
41	42	43	44	45	46	47	48	49	50
51	52	53	54	55	56	57	58	59	60
61	62	63	64	65	66	67	68	69	70

21	22	23	24	25	26	27	28	29	30
31	32	33	34	35	36	37	38	39	40
41	42	43	44	45	46	47	48	49	50
51	52	53	54	55	56	57	58	59	60
61	62	63	64	65	66	67	68	69	70
71	72	73	74	75	76	77	78	79	80
81	82	83	84	85	86	87	88	69	90

4. Múltiplos de 4.   **5.** Múltiplos de 7.   **6.** Múltiplos de 6.

11	12	13	14	15	16	17	18	19	20
21	22	23	24	25	26	27	28	29	30
31	32	33	34	35	36	37	38	39	40
41	42	43	44	45	46	47	48	49	50
51	52	53	54	55	56	57	58	59	60
61	62	63	64	65	66	67	68	69	70
71	72	73	74	75	76	77	78	79	80

1	2	3	4	5	6	7	8	9	10
11	12	13	14	15	16	17	18	19	20
21	22	23	24	25	26	27	28	29	30
31	32	33	34	35	36	37	38	39	40
41	42	43	44	45	46	47	48	49	50
51	52	53	54	55	56	57	58	59	60
61	62	63	64	65	66	67	68	69	70

11	12	13	14	15	16	17	18	19	20
21	22	23	24	25	26	27	28	29	30
31	32	33	34	35	36	37	38	39	40
41	42	43	44	45	46	47	48	49	50
51	52	53	54	55	56	57	58	59	60
61	62	63	64	65	66	67	68	69	70
71	72	73	74	75	76	77	78	79	80

7. En la tabla del 9, ¿cuál sería el siguiente número sombreado después de 90? _____

8. En la tabla del 6, ¿cuál sería el siguiente número sombreado después de 78? _____

9. En la tabla del 10, ¿cuál sería el siguiente número sombreado después de 70? _____

10. En la tabla del 7, ¿cuál sería el siguiente número sombreado después de 70? _____

11. En la tabla del 3, ¿cuál sería el siguiente número sombreado después de 69? _____

12. En la tabla del 4, ¿cuál sería el siguiente número sombreado después de 80? _____

13. Mira la tabla del 3 y la tabla del 7, ¿qué números son múltiplos tanto de 3 como de 7? _____

14. Mira la tabla del 4 y la tabla del 9, ¿qué números son múltiplos tanto de 4 como de 9? _____

15. Mira la tabla del 9 y la tabla del 6, ¿qué números son múltiplos tanto de 9 como de 6? _____

Representar la división

Usa fichas para hallar el cociente y el residuo.

	Fichas	Número de grupos iguales	Número en cada grupo
1.	●●●●●●●●● ●●●●●●●●● ●●●●●●●●●	_____	4
2.	●●●●●●●●● ●●●●●●●●● ●●●●●●●●● ●●●●●●●●●	8	_____
3.	●●●●●●●● ●●●●●●●● ●●●●●●●● ●●●●●●●● ●●●●●●●●	_____	7
4.	●●●●●●● ●●●●●●● ●●●●●●●	_____	6

Resolución de problemas y preparación para el TAKS

5. Gary tiene 45 adhesivos. Quiere poner el mismo número de adhesivos en cada una de sus 9 hojas. ¿Cuántos adhesivos habrá en cada página?

_____

6. Alice tiene 18 caracolas. Ella quiere poner el mismo número de caracolas en cada una de las 3 jarras. ¿Cuántas caracolas habrá en cada jarra?

_____

7. ¿Cuál es el factor que falta?

$7 \times \boxed{} = 21$

A 2

B 3

C 4

D 5

8. Al tiene 16 monedas. Él pone 4 monedas en cada una de sus cajas, usando un total de 16 monedas. ¿Cuántas cajas tendrá Al?

F 4

G 3

H 6

J 8

Práctica

Relacionar la división y la resta

Escribe un enunciado de división para cada uno.

1.

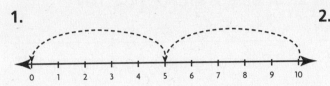

2.

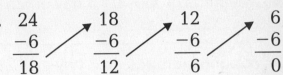

_____   _____

Usa una recta numérica o una resta repetida para resolver.

3. $12 \div 3 =$ _____

0 1 2 3 4 5 6 7 8 9 10 11 12

4. $20 \div 4 =$ _____

0 1 2 3 4 5 6 7 8 9 10 11 12 13 14 15 16 17 18 19 20

5. $21 \div 3 =$ _____

0 1 2 3 4 5 6 7 8 9 10 11 12 13 14 15 16 17 18 19 20 21

Resolución de problemas y preparación para TAKS

6. Olivia fue a recoger manzanas. Ella recogió 48 manzanas. Ella puso 6 manzanas en cada una de sus canastas. ¿Cuántas canastas usó Olivia?

7. Randy tiene 72 fotografías. Él puso sus fotografías en montones iguales. ¿Cuántas fotografías hay en cada montón?

_____   _____

8. Terri puso la mesa para 8 invitados. Ella usó 16 platos. ¿Cuántos platos tendrá cada invitado?

    A 2

    B 24

    C 3

    D 8

9. Hal tiene 24 flores en un ramo. Él puso 4 flores en cada uno de sus floreros. ¿Cuántos floreros usó Hal?

    F 8

    G 6

    H 20

    J 12

Práctica

Representar con matrices

Usa losetas cuadradas para formar una matriz. Resuelve.

1. ¿Cuántos grupos de 5 hay en 25? **2.** ¿Cuántos grupos de 9 hay en 36?

_____   _____

3. ¿Cuántos grupos de 3 hay en 12? **4.** ¿Cuántos grupos de 7 hay en 42?

_____   _____

5. ¿Cuántos grupos de 4 hay en 16? **6.** ¿Cuántos grupos de 6 hay en 24?

_____   _____

7. ¿Cuántos grupos de 3 hay en 18? **8.** ¿Cuántos grupos de 5 hay en 35?

_____   _____

9. ¿Cuántos grupos de 2 hay en 14? **10.** ¿Cuántos grupos de 6 hay en 54?

_____   _____

11. ¿Cuántos grupos de 7 hay en 21? **12.** ¿Cuántos grupos de 5 hay en 40?

_____   _____

13. ¿Cuántos grupos de 2 hay en 18? **14.** ¿Cuántos grupos de 8 hay en 16?

_____   _____

Forma una matriz. Escribe un enunciado de división para cada una.

15. 18 losetas en 6 grupos   **16.** 28 losetas en 7 grupos

_____   _____

17. George hace una matriz con 70 losetas. Él puso 7 losetas en cada fila.
¿Cuántas filas hizo George? _____

Práctica

Álgebra: Multiplicación y división

Completa.

1.
2.
3.

6 filas de ___ = 18   2 filas de ___ = 12   7 filas de ___ = 28

18 ÷ 6 = ___   12 ÷ 2 = ___   28 ÷ 7 = ___

Completa cada enunciado numérico. Dibuja una matriz como ayuda.

4. 3 × ___ = 24   5. 4 × ___ = 32

   24 ÷ 3 = ___   32 ÷ 4 = ___

6. 6 × ___ = 24   7. 9 × ___ = 36

   24 ÷ 6 = ___   36 ÷ 9 = ___

Completa.

8. 3 × 3 = 18 ÷ ___   9. 32 ÷ 8 = ___ × 2   10. ___ × 1 = 35 ÷ 7

Resolución de problemas y preparación para el TAKS

11. Karen tiene 15 boletos. Un perro caliente cuesta 5 boletos. ¿Cuál es el mayor número de perros calientes que Karen puede comprar?

    _____

12. Molly va al teatro con sus amigos. Ella tiene $40. Cada entrada cuesta $8. ¿Cuál es el mayor número de entradas que Molly puede comprar?

    _____

13. Tina tiene 30 tarjetas de béisbol. Ella quiere dividirlas por igual entre 5 de sus amigos. ¿Cuántas tarjetas recibirá cada amigo?

    A 5   **C** 4
    B 6   **D** 7

14. Un acuario grande tiene 42 peces. Pronto los peces serán divididos por igual en 6 acuarios. ¿Cuántos peces habrá en cada acuario?

    F 5   **H** 7
    G 6   **J** 8

Álgebra: Familias de operaciones

Escribe la familia de operaciones para cada conjunto de números.

1. 4, 6, 24 _____ _____ _____ _____

2. 2, 9, 18 _____ _____ _____ _____

3. 5, 7, 35 _____ _____ _____ _____

Escribe la familia de operaciones para cada matriz.

4.

_____ _____

_____ _____

5.

_____ _____

_____ _____

Resolución de problemas y preparación para el TAKS

6. Alf compra un paquete de acuarelas de colores que incluyen 12 colores. Hay 2 colores en cada una de las 6 filas. ¿Cuál es la familia de operaciones para los números 2, 6 y 12?

_____ _____

_____ _____

7. Hay 18 galletas en un plato. Hay 6 galletas en cada una de las 3 filas en el plato. ¿Cuál es la familia de operaciones para los números 3, 6 y 18?

_____ _____

_____ _____

8. ¿Qué enunciado numérico no está incluido en la misma familia de operaciones de $7 \times 3 = 21$?

A $21 \div 3 = 7$ C $21 \div 7 = 3$

B $21 \times 3 = 7$ D $3 \times 7 = 21$

9. ¿Qué enunciado de división describe la matriz?

F $2 \div 3 = 6$ H $3 \div 2 = 6$

G $6 \div 2 = 3$ J $7 \div 7 = 1$

Práctica

Taller de resolución de problemas
Estrategia: Escribir un enunciado numérico

Resolución de problemas • Práctica de estrategias

Resuelve. Escribe un enunciado numérico para cada uno.

1. Matt tiene 5 camisetas. Adam tiene 12 camisetas. ¿Cuántas camisetas más tiene Adam que Matt?

_____

2. Isabelle tiene 8 libros en su escritorio. Ella trajo 4 libros más de su casa y los puso en su escritorio. ¿Cuántos libros tiene Isabelle en su escritorio en total?

_____

3. Una bolsa de canicas cuesta 60 centavos. Cada canica cuesta 10 centavos. ¿Cuántas canicas hay en la bolsa?

_____

4. Hay 4 invitaciones en una caja. La Sra. Hannah compró 8 cajas. ¿Cuántas invitaciones compró la Sra. Hannah?

_____

Práctica de estrategias mixtas

5. **USA DATOS** Tyler gastó $40 en boletos. Él compró 8 boletos de un solo color. ¿De qué color eran los boletos que Tyler compró?

Boletos para la rifa	
Color	Costo
amarillo	$2
verde	$3
azul	$5

_____

6. Mary gastó $8 en una entrada al cine, $12 en regalos y $15 en el almuerzo. ¿Cuánto dinero gastó Mary en total?

7. Randall gastó $75 de su dinero, del dinero de Marty y de Jean en boletos. Randall usó $25 del dinero de Marty y $12 del dinero de Jean. ¿Cuánto dinero gastó Randall de su dinero en boletos?

_____

Práctica

Nombre _____

Dividir entre 2 y 5

Halla cada cociente.

1.

$6 \div 2 =$ ___

2.

___ $= 25 \div 5$

3.

$15 \div 5 =$ ___

4.

___ $= 8 \div 2$

5.

$2\overline{)14}$

6.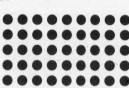

$5\overline{)45}$

7. ••

$2\overline{)2}$

8.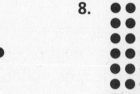

$5\overline{)35}$

Resolución de problemas y preparación para el TAKS

9. Martin compró 40 paquetes de alpiste. Él compró el alpiste en cajas de 5 paquetes. ¿Cuántas cajas de alpiste compró Martin?

_____

10. **DATO BREVE** Un colibrí hembra, usualmente pone 2 huevos. Si un investigador encuentra 10 huevos en un área, ¿cuántos colibríes hembra es probable que haya en el área?

_____

11. Sarah ve el mismo número de pájaros en cada uno de los 2 comederos. Ella ve 12 pájaros en total. ¿Cuántos pájaros ve Sarah en cada uno de los comederos?

A 4
B 5
C 6
D 7

12. Greg tiene 5 comederos y una bolsa de 20 libras de comida para pájaros. Él pone la misma cantidad de comida para pájaros en cada comedero. ¿Cuántas libras de comida para pájaros pone Greg en cada comedero?

F 3
G 4
H 5
J 6

Práctica

© Harcourt

Dividir entre 3 y 4

Halla cada cociente.

1.   2. 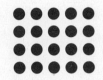   3.    4.

$12 \div 3 =$ ___   ___ $= 20 \div 4$ $21 \div 3 =$ ___   ___ $= 8 \div 4$

Completa.

5.   6. 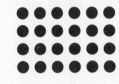   7. 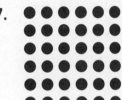   8.

$12 \div$ ___ $= 2$ $24 \div$ ___ $= 3$ $36 \div$ ___ $= 4$ $3 \div$ ___ $= 3$

Resolución de problemas y preparación para el TAKS

9. Hay 24 estudiantes inscritos para la carrera de relevos. Cada equipo necesita 4 estudiantes. ¿Cuántos equipos habrá en la carrera de relevos?

_____

10. Veintiún estudiantes forman un grupo de estudio. Si ellos se quieren sentar por igual en 3 mesas, entonces ¿cuántos estudiantes habrá en cada mesa?

_____

11. Jeremy tiene 36 galletas. Él pone 4 galletas en cada una de sus bolsas. ¿Cuántas bolsas tiene Jeremy?

A 6
B 7
C 8
D 9

12. Lea tiene 27 cuentas. Ella hace 3 brazaletes, cada uno con el mismo número de cuentas. ¿Cuántas cuentas hay en cada brazalete?

F 9
G 8
H 7
J 6

Reglas de división para 1 y 0

Halla cada cociente.

1.

$5 \div 5 =$ _____

2. _____ $= 0 \div 4$

3.

$3 \div 1 =$ _____

4. _____ $= 0 \div 9$

5. _____

6.

$$1\overline{)0}$$

7.

$$3\overline{)3}$$

$$1\overline{)9}$$

8.

$$5\overline{)35}$$

Resolución de problemas y preparación para el TAKS

9. Hay 9 establos en la Granja Verde de Caballos de Paso. Hay 7 caballos que viven en la granja. ¿Cuántos caballos hay en cada establo, si hay el mismo número de caballos por establo?

_____

10. Trevor quiere darle 3 uvas a cada loro en una tienda. Hay un loro en la tienda. ¿Cuántas uvas en total da Trevor a los loros de la tienda?

_____

11. Katherine tiene 5 pájaros. Ella tiene sólo una jaula. ¿Cuántos pájaros hay en esa jaula?

A 0

B 1

C 5

D 10

12. ¿Cuál es el cociente?

$$4\overline{)0}$$

F 0

G 1

H 2

J 4

©Harcourt

Práctica

Álgebra: Practicar las operaciones

Escribe un enunciado de división para cada ejercicio.

1.

2.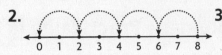

3.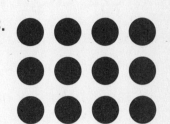

_____   _____   _____

Halla cada factor que falta y el cociente.

4. $4 \times \boxed{} = 36$ $36 \div 4 =$ ___   5. $3 \times \boxed{} = 0$ $0 \div 3 =$ ___

Halla el cociente.

6. $27 \div 3 =$ ___   7. $18 \div 3 =$ ___   8. $20 \div 4 =$ ___   9. ___ $= 32 \div 4$

10. $15 \div 5 =$ ___   11. $2 \div 2 =$ ___   12. $3\overline{)21}$ 13. $2\overline{)10}$

Resolución de problemas y preparación para el TAKS

14. Una tienda de artesanías vende cuentas para collares en paquetes de 4. Tara necesita 24 cuentas para un proyecto. ¿Cuántos paquetes de cuentas necesita comprar Tara?

15. Dos hermanos venden limonada en su vecindario. Ellos ganan $6 el sábado. ¿Qué cantidad debería recibir cada hermano si reparten el dinero por igual?

_____   _____

16. ¿Cuál enunciado de división está relacionado con $3 \times 4 = 12$?

   A $24 \div 2 = 12$

   B $4 \div 2 = 2$

   C $12 \div 6 = 2$

   D $12 \div 3 = 4$

17. ¿Cuál enunciado de división está relacionado con $3 \times 8 = 24$?

   F $24 \div 3 = 8$

   G $24 \div 2 = 12$

   H $24 \div 6 = 4$

   J $24 \div 4 = 6$

Taller de resolución de problemas
Destreza: Elegir la operación

Resolución de problemas • Práctica de la destreza

Elige la operación. Escribe un enunciado numérico. Luego resuelve.

1. La familia Murphy gasta $36 en boletos para el parque natural. ¿Cuánto cuesta cada boleto?

_____

2. Había 27 niños y 9 adultos en el viaje. ¿Cuántas personas había en el viaje en total?

_____

3. El parque natural tiene un zoológico para niños con 5 áreas. Cada área tiene el mismo número de animales. Hay en total 25 animales en el zoológico. ¿Cuántos animales hay en cada área?

_____

4. Las bebidas en el parque natural cuestan $7. El Sr. Chin le dio al vendedor $20 por 1 bebida. ¿Cuánto cambio le dará el vendedor al Sr. Chin?

_____

Aplicaciones mixtas

5. **USA DATOS** Martha solamente camina el sendero Eco. Sin embargo, ella camina este sendero 3 veces a la semana. ¿Cuántas millas camina Martha por semana?

_____

Senderos naturales	
Nombre del sendero	Distancia
Eco	4 millas
Vista	12 millas
Pino	47 millas
Verde	15 millas
Empinado	23 millas

6. Cora, Sally, Marty y Jane están en la fila. Jane es primera en la fila. Marty está detrás de Cora. Cora está frente a Sally. Sally está detrás de Marty. ¿En qué orden están las cuatro personas en la fila?

_____

7. Anna necesita 28 globos. Estos vienen en paquetes de 4, 6 ó 9 globos. ¿Cuántos paquetes de cada tipo debería comprar con el fin de tener la cantidad exacta de globos que ella necesita?

_____

© Harcourt

Dividir entre 6

Halla cada factor y cociente que falta.

1. $6 \times$ ___ $= 42$ **2.** $36 \div 6 =$ ___   **3.** $6 \times$ ___ $= 24$ **4.** ___ $\times 6 = 30$

Halla cada cociente.

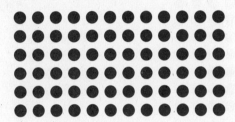

5. $72 \div 6 =$ ___

6. $24 \div 3 =$ ___

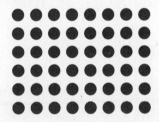

7. ___ $= 48 \div 6$

8. ___ $= 12 \div 6$

Resolución de problemas y preparación para el TAKS

9. Toni compró 24 perros calientes que vienen en paquetes de 6. ¿Cuántos paquetes de perros calientes compró Toni?

10. Kara trajo 36 panecillos para un picnic. Cada paquete contiene 6 panecillos. ¿Cuántos paquetes de panecillos trajo Kara?

_____

11. Hay 42 libros divididos por igual en seis estantes en la biblioteca. ¿Cuántos libros hay en cada estante?

   A 8   **C** 5

   B 6   **D** 7

12. Hay 30 duraznos en una canasta. Frank separa los duraznos por igual entre 6 bolsas. ¿Cuántos duraznos hay en cada bolsa?

   F 8   **H** 5

   G 6   **J** 7

Práctica

Dividir entre 7 y 8

Halla cada factor y cada cociente que falta.

1. $8 \times$ ___ $= 48$ **2.** $21 \div 7 =$ ___ **3.** $7 \times$ ___ $= 28$ **4.** ___ $\times 8 = 40$

Halla cada cociente.

 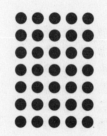

5. $24 \div 8 =$ ___ **6.** $14 \div 7 =$ ___ **7.** ___ $= 35 \div 7$ **8.** ___ $= 16 \div 2$

Resolución de problemas y preparación para el TAKS

9. La familia Williams fue de acampada a un lago. Hay 56 miembros en la familia Williams. En cada cabaña caben 8 personas. ¿Cuántas cabañas alquiló la familia Williams?

_____

10. Juana compró cajas de jugo para ir de acampada. Ella necesitaba 40 cajas de jugo. Los jugos vienen en paquetes de 8. ¿Cuántos paquetes de cajas de jugo compró Juana?

_____

11. Había 56 manzanas en un carrito. Don desocupó el carrito y puso 8 manzanas dentro de cada una de sus bolsas. ¿Cuántas bolsas llenó Don?

A 12

B 7

C 8

D 6

12. Eva tiene 24 flores. Las arregló en ramos de 8. ¿Cuántos ramos hizo Eva?

F 6

G 24

H 8

J 3

© Harcourt

Práctica

Taller de resolución de problemas
Estrategia: Trabajar desde el final hasta el principio

Resolución de problemas • Práctica de estrategias

Trabaja desde el final hasta el principio para resolver.

1. Rachel gastó $2.25 en un refrigerio. Después su mamá le dio $4.00. Ahora, Rachel tiene $9.25. ¿Cuánto dinero tenía Rachel al principio?

2. Abby corta un pedazo de papel de construcción en 2 partes de igual longitud. Después le corta 5 pulgadas de longitud a una parte. Este pedazo mide ahora 4 pulgadas de longitud. ¿Cuál era la longitud del pedazo inicial de papel de construcción?

Práctica de estrategias mixtas

USA DATOS Para los Problemas 3 y 4, usa la tabla.

3. Trent quiere comprar un total de 10 camisetas azules o verdes. ¿Hay suficientes camisas en el inventario para que compre las comisas que quiere? Muestra tu trabajo.

4. Frank compró 4 camisetas rojas y dos amarillas el martes. Si Frank quiere comprar 16 camisetas más el miércoles, ¿alcanza el inventario para que él pueda hacer la compra?

Inventario de camisetas	
Color	Número de camisetas
Azul	5
Verde	4
Amarillo	7
Rojo	6

5. Greg recogió $81 con la venta de 9 cajas de barras de dulce. ¿Cuánto cobró Greg por cada caja de barras de dulce?

6. Anna tiene 2 tambores y 4 guitarras. ¿Cuántos instrumentos musicales tiene Anna en total? Muestra tu trabajo.

Práctica

Dividir entre 9 y 10

Halla cada cociente.

1.

$30 \div 10 =$ _____

2.

$36 \div 9 =$ _____

3.

$40 \div 10 =$ _____

4.

$27 \div 9 =$ _____

Completa cada tabla.

5.

÷	40	60	80	100
10				

6.

÷	27	45	72	81
9				

Resolución de problemas y preparación para el TAKS

7. Hay 54 peces en 9 tanques en el acuario. Cada tanque tiene un número igual de peces. ¿Cuántos peces hay en cada tanque?

_____

8. La película de tiburones dura 50 minutos. La película dedica 10 minutos a la descripción de cada tiburón. ¿Cuántos tiburones se describen en la película?

_____

9. Hay 40 personas esperando en la fila del acuario. Hay 10 personas en cada fila. ¿Cuántas filas hay?

   A 1
   B 4
   C 40
   D 400

10. Nueve peces en un estanque muestran un total 36 rayas. Si cada uno muestra un número igual de rayas, ¿cuántas rayas muestra cada pez?

    F 9
    G 5
    H 6
    J 4

Práctica

Dividir entre 11 y 12

Halla cada factor y cada cociente que falta.

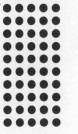

1. $11 \times \underline{\quad} = 110$ **2.** $12 \times \underline{\quad} = 108$ **3.** $55 \div 11 = \underline{\quad}$ **4.** $96 \div 12 = \underline{\quad}$

Halla cada cociente.

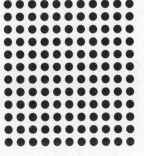
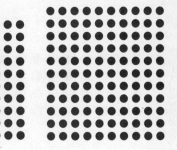

5. $11\overline{)132}$ **6.** $12\overline{)132}$ **7.** $10\overline{)120}$ **8.** $11\overline{)110}$

Resolución de problemas y preparación para el TAKS

9. Liam tiene 55 modelos de carros. Él los puso por igual en 5 cajas. ¿Cuántos modelos de carros hay en cada caja?

10. Allen compró 24 modelos de vagones de tren de juguete. Hay 12 modelos de vagones de tren de juguete en cada grupo. ¿Cuántos grupos de modelos de vagones de tren de juguete compró Allen?

_____

11. Hay 72 boletos disponibles para un show. Si cada personas compra 12 boletos, ¿cuántas personas se necesitan para agotar los boletos del show?

A 6

B 7

C 8

D 9

12. David tiene 44 botellas; 11 botellas caben en cada estante. ¿Cuántos estantes necesita David?

F 2

G 3

H 4

J 5

Práctica

Álgebra: Practicar las operaciones

Escribe un enunciado de división para cada uno.

1.

2.

3.
$$\begin{array}{c} 48 \\ -12 \\ \hline 36 \end{array} \nearrow \begin{array}{c} 36 \\ -12 \\ \hline 24 \end{array} \nearrow \begin{array}{c} 24 \\ -12 \\ \hline 12 \end{array} \nearrow \begin{array}{c} 12 \\ -12 \\ \hline 0 \end{array}$$

_____   _____   _____

Halla el factor y el cociente que falta.

4. $8 \times$ _____ $= 40$ $40 \div 8 =$ _____   **5.** $9 \times$ _____ $= 63$ $63 \div 9 =$ _____

Resolución de problemas y preparación para el TAKS

6. Thomas subió por un sendero que le tomó 60 minutos completar. Cada sección del sendero le tomó 12 minutos completar. ¿Cuántas secciones hay en todo el sendero?

7. Carrie toma 40 fotos en el campo. Ella toma 4 fotos de cada flor que ve. ¿Cuántas flores vio Carrie?

_____   _____

8. Hal caminó 72 millas en 12 días. Él caminó el mismo número de millas cada día. ¿Cuántas millas caminó cada día?

   A 3

   B 4

   C 5

   D 6

9. Nancy compró 4 linternas nuevas. Cada linterna costó $6.00. ¿Cuánto dinero gastó Nancy?

   F $18

   G $24

   H $30

   J $10

Práctica

Segmentos y ángulos

Di si cada uno es una línea, un segmento o un rayo.

1.

2.

3.

4.

_____ _____ _____ _____

5.

6.

7.

8.

_____ _____ _____ _____

Usa la esquina de una hoja de papel para decir si cada ángulo es *recto*, *agudo* u *obtuso*.

9.

10.

11.

12.

_____ _____ _____ _____

Resolución de problemas y preparación para el TAKS

13. Bill quiere usar palillos para hacer un modelo de una señal de pare. ¿Cuántos segmentos hay en la señal de pare? Dibuja una aquí.

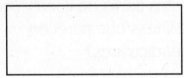

_____

14. Sally necesita estar en casa a las 3:00. ¿Qué tipo de ángulo forman las dos manecillas del reloj a las 3:00?

_____

15. ¿Cuál de los siguientes parece ser un ángulo obtuso?

A   C

B    D

16. ¿Cuál de los siguientes es un segmento?

F    H

G   J

Práctica

Nombre _____

Tipos de líneas

Describe las líneas. Di si parecen *secantes*, *perpendiculares* o *paralelas*.

1.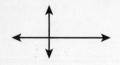

_____

2.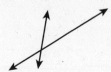

_____

3.

_____

4.

_____

5.

_____

6.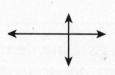

_____

Resolución de problemas y preparación para el TAKS

7. Marc se pregunta si cada par de líneas secantes son perpendiculares. ¿Qué le responderías?

_____

_____

_____

8. ¿Pueden las líneas paralelas ser también perpendiculares? ¿Por qué?

_____

_____

_____

9. De estos pares de líneas, ¿cuál tiene líneas que parecen paralelas?

A

B

C

D

10. De estos pares de líneas, ¿cuál tiene líneas que parecen perpendiculares?

F

G

H

J

Práctica

© Harcourt

Identificar figuras bidimensionales

Nombra cada figura. Di cuántos lados tiene cada figura.

1.

2.

3.

4.

_____ _____ _____ _____

5.

6.

7.

8.

_____ _____ _____ _____

Para los Ejercicios 9 a 11, usa las figuras A a D.

9. ¿Cuál de las figuras tiene más de 3 lados?

_____

10. ¿Qué figura es un triángulo?

_____

11. ¿Cuál figura es un cuadrilátero?

_____

Resolución de problemas y preparación para el TAKS

12. ¿Qué tipo de figura plana tiene 6 lados y 6 vértices?

_____

13. ¿Cuántos lados y vértices tiene esta figura plana?

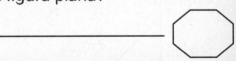

_____

14. ¿Cuántos lados tiene un cuadrilátero?

A 4   **C** 6

B 5   **D** 8

15. ¿Cuál de las siguientes figuras planas es también un cuadrilátero?

F   **H**

G   **J**

Triángulos

Nombra cada triángulo. Escribe *equilátero, isósceles* o *escaleno*.

1.
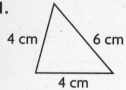
4 cm   6 cm
4 cm

_____

2.
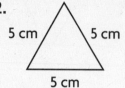
5 cm   5 cm
5 cm

_____

3.
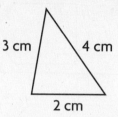
3 cm   4 cm
2 cm

_____

4.
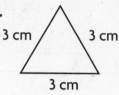
3 cm   3 cm
3 cm

_____

Nombra cada triángulo. Escribe *rectángulo, obtusángulo* o *acutángulo*.

5.
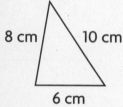
8 cm   10 cm
6 cm

_____

6.
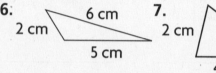
2 cm   6 cm
5 cm

_____

7.
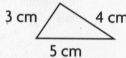
2 cm   4 cm
4 cm

_____

8.
3 cm   4 cm
5 cm

_____

Resolución de problemas y preparación para el TAKS

9. Un triángulo tiene un lado que mide 3 cm de largo, uno que mide 2 cm y otro que mide 4 cm. Dos ángulos son acutángulos y un ángulo es obtusángulo. ¿Qué clase de triángulo es?

_____

_____

10. ¿Un triángulo rectángulo puede ser también isósceles? Explica.

_____

_____

_____

11. ¿Cuál nombra correctamente este triángulo?

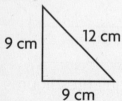
9 cm   12 cm
9 cm

A escaleno, obtusángulo
B escaleno, rectángulo
C isósceles, obtusángulo
D isósceles, rectángulo

12. ¿Cuál nombra correctamente este triángulo?

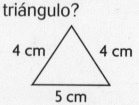
4 cm   4 cm
5 cm

F equilátero, acutángulo
G escaleno, obtusángulo
H isósceles, acutángulo
J isósceles, obtusángulo

Práctica

Cuadriláteros

Escribe tantos nombres de cuadriláteros como puedas.

1.

_____

_____

2.

_____

_____

3.

_____

_____

4.

_____

_____

5.

_____

_____

6.

_____

_____

Resolución de problemas y preparación para el TAKS

7. **Razonamiento** Un cuadrado es un rectángulo. ¿Un rectángulo es un cuadrado?

_____

_____

_____

8. ¿Qué tipo de cuadrilátero tiene un par de lados paralelos pero los lados no tienen siempre la misma longitud?

_____

_____

9. ¿Qué tipo de cuadrilátero es esta figura?

A trapecio

B rombo

C cuadrado

D rectángulo

10. Éste es un cuadrilátero. ¿Cuáles dos términos se pueden usar para describirlo?

F rectángulo, paralelogramo

G rombo, paralelogramo

H cuadrado, rectángulo

J rombo, cuadrado

Práctica

Círculos

Nombra la parte gris de cada círculo.

1.

2.

3.

4.

_____   _____   _____   _____

¿Es la parte gris un radio? Escribe *sí* o *no*.

5.

6.

7.

8.

_____   _____   _____   _____

Resolución de problemas y preparación para el TAKS

9. Randy dice que "un círculo es una figura plana cerrada formada por partes que están a la misma distancia del radio." ¿Qué palabra puedes sustituir en el enunciado de Randy para hacerlo verdadero? ¿Qué palabra sustituirías por esta?

10. Dana dibujó un círculo y puso dos puntos grises dentro del círculo. Ella dijo que ambos puntos son centros. ¿Es esto correcto?

_____

11. ¿En cuál de las siguientes figuras se ve un radio de color gris?

12. ¿Cuál de las siguientes figuras muestra el centro en color gris y no un radio?

A   C   F   H

B   D   G   J

Práctica

© Harcourt

Comparar figuras bidimensionales

Para los Ejercicios 1 a 3, usa las figuras de la derecha.

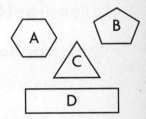

1. ¿Qué figuras tienen sólo 3 lados? _____

2. ¿Qué figuras tienen sólo 4 lados? _____

3. ¿Qué figuras tienen lados paralelos? _____

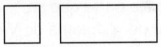

Resolución de problemas y preparación para el TAKS

4. ¿En qué se parecen y en qué se diferencian un octágono y un triángulo?

5. ¿En qué se parecen y en qué se diferencian un cuadrado y un rectángulo?

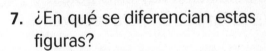

_____

_____

6. ¿En qué se parecen estas figuras?

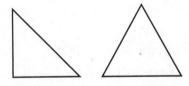

7. ¿En qué se diferencian estas figuras?

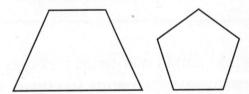

A Ambas tienen 3 lados.

B Ambas tienen por lo menos un ángulo recto.

C Ambas tienen por lo menos un ángulo obtuso.

D Ambas tienen 2 ángulos obtusos y un ángulo agudo.

F Tienen diferente número de lados.

G Ambas tienen un ángulo agudo.

H Solo una es una figura cerrada y plana.

J Ambas tiene por lo menos cuatro ángulos obtusos.

Práctica

Taller de resolución de problemas
Estrategia: Hacer un diagrama

Resolución de problemas • Práctica de la destreza

Haz un diagrama como ayuda para resolver el siguiente problema.

1. Lance quería clasificar las siguientes figuras en 2 categorías: triángulo, cuadrado, rombo, rectángulo trapecio y octágono. Él dibujó un diagrama de Venn con los siguientes encabezados en los 2 círculos: "Paralelogramos" y "Figuras planas". ¿Qué figuras deben ir en la parte que se superpone del diagrama de Venn?

_____

2. Diecinueve estudiantes toman clases de música. Tres estudiantes toman clases de trompeta. Seis estudiantes toman clases de piano, diez estudiantes toman tanto clases de trompeta como de piano. ¿Cuántos estudiantes en total toman clases de piano?

_____

Práctica de estrategias mixtas

3. **USA DATOS** ¿Cuántos miembros de tripulación hay en 6 botes? Busca un patrón para resolver.

botes	2	3	4	5	6
miembros	8	12	16	20	?

_____

4. Lauren comió manzanas tres días seguidos. El lunes se comió 6 manzanas. El martes se comió 3 manzanas. El miércoles se comió 1 manzana. ¿Cuántas manzanas se comio Lauren en total? Muestra tu trabajo.

_____

Figuras congruentes

Di si las figuras parecen ser congruentes. Escribe *sí* o *no*.

1.

2.

3.

_____   _____   _____

4.

5.

6.

_____   _____   _____

Para los Ejercicios 7 y 8, usa la gráfica.

7. Katie dibujó un modelo de su escuela. ¿Qué figura parece ser congruente con el modelo que Katie dibujó?

_____

8. Michael va a una escuela diferente. Él también dibujó un modelo. ¿Qué figura parece ser congruente con el modelo de Michael?

_____

El modelo de Katie

El modelo de Michael

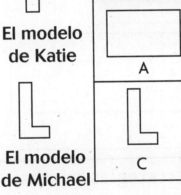
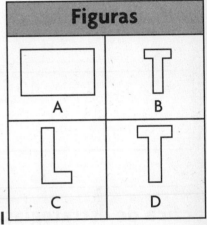

Resolución de problemas y preparación para el TAKS

9. Jason dibujó las dos figuras de abajo. ¿Parecen ser congruentes las dos figuras?

_____

11. ¿Qué figura parece ser congruente con la figura gris?

    A   C

    B   D

10. Mary dibujó las dos figuras de abajo en una hoja de papel. ¿Parecen ser congruentes las dos figuras? ◯ ◯

_____

12. ¿Cuál de estos parece mostrar dos figuras congruentes?

    F   H

    G   J

Taller de resolución de problemas
Estratregia: Hacer un modelo

Resolución de problemas •
Práctica de la estrategia

Bloques de patrones

A B C D

Haz un modelo para resolver.
Para los Ejercicios 1 y 2, usa los bloques de patrones que están a la derecha.

1. Karen usó 2 bloques de patrones para hacer una figura que parece ser congruente con la de arriba. ¿Qué bloques de patrones usó ella?

2. John usó 2 bloques de patrones para hacer un paralelogramo. ¿Qué bloques de patrones usó él?

Práctica de estrategias mixtas

USA DATOS Para los Ejercicios 3 y 4, usa la tabla.

3. ¿Cuántas losetas con forma cuadrada y triangular hay en total? Muestra tu trabajo.

Juego de losetas	
Forma de la loseta	Cantidad
Cuadrada	80
Rectangular	74
Triangular	55
Trapecio	32

4. Los cuadrados son rojos o verdes. Hay la misma cantidad de cada color. ¿Cuántos cuadrados son rojos?

5. Kyle hizo una matriz con 15 losetas cuadradas. Su matriz tenía 3 columnas. ¿Cuántas filas había en la matriz de Kyle?

Práctica

© Harcourt

Simetría

Di si la línea gris parece ser un eje de simetría.
Escribe *sí* **o** *no*.

1.
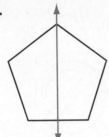

2.

3.
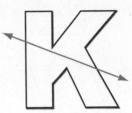

4.
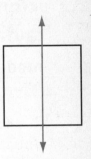

_____   _____   _____   _____

Resolución de problemas y preparación para el TAKS

5. **Razonamiento** Andrew quiere cortar una manzana por la mitad. Explica cómo puede usar el eje de simetría para hacerlo.

_____

_____

_____

6. **Razonamiento** ¿La figura de la derecha parece tener un eje de simetría? Explica.

_____

_____

_____

7. ¿Cuál parece mostrar un eje de simetría?

A

C
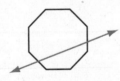

B
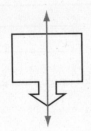

D

8. ¿Cuál NO parece mostrar un eje de simetría?

F
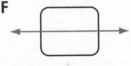

H
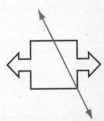

G

J

Práctica

Ejes de simetría

Dibuja el eje o ejes de simetría para cada figura.

1.

2.

3.

4.

5.

6.

7.

8.

Decide si cada figura tiene 0, 1 o más de 1 eje de simetría. Escribe *0, 1* o *más de 1*.

9.

10.

11.

12.

_____   _____   _____

Resolución de problemas y preparación para el TAKS

13. Nancy fue a la playa y encontró la estrella de mar de la derecha. 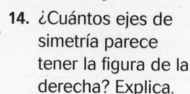 Ella se dio cuenta de que la estrella de mar no tenía un eje de simetría. ¿Es razonable la conclusión de Nancy? Explica.

14. ¿Cuántos ejes de simetría parece tener la figura de la derecha? Explica.

_____

_____

_____

15. ¿Cuál de las siguientes letras parece tener más de un eje de simetría?

A

c

B

D X

16. ¿Cuántos ejes de simetría parece tener la figura de la derecha?

F 0   H 2

G 1   J 3

Práctica

© Harcourt

Dibujar figuras simétricas

Completa el diseño de manera que cada uno tenga
un eje de simetría.

1.

2.

3.

Para los Ejercicios 4 y 5, usa los triángulos de abajo.

4. ¿Cuántos ejes de simetría tiene un triángulo equilátero? _____

5. ¿Cuántos ejes de simetría parece tener
el triángulo doble?

_____

Resolución de problemas y preparación para el TAKS

6. Taryn dibujó los ejes de simetría
del octágono de abajo. ¿Los
dibujó todos? Si no, dibuja el que
tú crees que ella no dibujó.

7. ¿Esta figura parece tener un eje
de simetría? Si es así, dibújalo.

_____

_____

8. ¿Qué figura parece mostrar un eje
de simetría?

9. ¿Qué figura parece mostrar un eje
de simetría?

A   C

F   H

B   D

G   J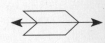

Práctica

Nombre _____

Identificar figuras tridimensionales

Di de qué cuerpo geométrico tiene forma cada objeto.

1.

2.

3.

4.

_____

5.

6.

7.

8.

_____

Nombra cada cuerpo geométrico.

9.

10.

11.

12.

_____

Resolución de problemas y preparación para el TAKS

13. Julia usó 8 cilindros, 4 conos, 25 cubos y 3 prismas triangulares para construir un castillo. ¿Cuántos cilindros más que prismas triangulares usó Julia?

14. Roger usó 4 cilindros, 3 conos, 12 cubos y 1 esfera para construir una torre. La mitad de las figuras eran azules y la otra mitad eran rojas. ¿Cuántas figuras eran rojas?

15. ¿A qué figura geométrica se parece la forma de la carpa?

A cono

B cubo

C prisma triangular

D prisma rectangular

16. ¿A qué figura geométrica se parece la forma del libro?

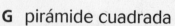

F cubo

G pirámide cuadrada

H prisma rectangular

J prisma triangular

© Harcourt

Práctica

Caras, aristas y vértices

Nombra el cuerpo geométrico. Luego di cuántas caras, aristas y vértices tiene.

1.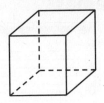

_____

_____ caras

_____ aristas

_____ vértices

2.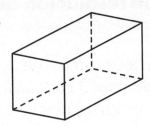

_____

_____ caras

_____ aristas

_____ vértices

3.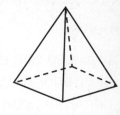

_____

_____ caras

_____ aristas

_____ vértices

Nombra el cuerpo geométrico que tiene las caras que se muestran.

4.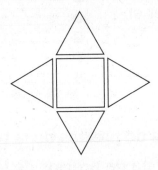

_____

5.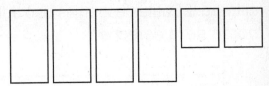

_____

Resolución de problemas y preparación para el TAKS

6. Rene hizo el comedero para pájaros de la derecha de una caja plástica. ¿Cuántas caras y cuántos vértices tiene el comedero para pájaros?

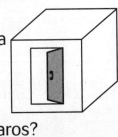

_____

7. Gwynn hace un modelo de madera de una carpa. La carpa tiene forma de pirámide cuadrada. ¿Cuántas caras tiene el modelo de Gwynn?

_____

8. ¿Qué figura geométrica tiene forma parecida a una pajilla?

   A cono   **C** cilindro

   B cubo   **D** esfera

9. ¿Cuál representa el número de aristas que tiene un cubo pequeño?

   F 8   **H** 4

   G 6   **J** 12

Taller de resolución de problemas
Destreza: Identificar relaciones

Práctica de la destreza de resolución de problemas

Resuelve.

1. Skip usó una esponja para hacer un borde alrededor del papel. Él pudo usar 3 esponjas diferentes con la forma de un cubo, una pirámide cuadrada y un cilindro. ¿Cuál esponja usó Skip para hacer el borde de la derecha?

_____

2. Julia usó esponjas para hacer un borde alrededor del papel. Ella pudo usar 3 esponjas diferentes con la forma de un cubo, una pirámide cuadrada y un cilindro. ¿Cuáles esponjas usó Julia para hacer el borde de la derecha?

_____

Aplicaciones mixtas

USA DATOS Para los Ejercicios 3 y 4, usa la lista de precios de la tienda.

3. Alice tiene que gastar exactamente $13 en dos artículos de la tienda. ¿Cuál será la forma de los dos artículos?

la lista de precios de la tienda

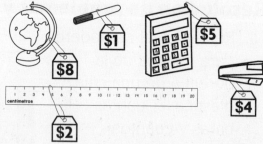

_____

4. Cindy fue el sábado a cine y gastó $8. Ella fue el lunes a la tienda y gastó $8. ¿Qué compró Cindy en la tienda?

_____

5. Bobby juntó 8 tarjetas de béisbol y 2 tarjetas de básquetbol. Él puso las tarjetas por igual en 5 latas con forma de cilindro. ¿Cuántas tarjetas había en cada lata? Muestra tu trabajo.

_____

_____

© Harcourt

Comparar figuras tridimensionales

Compara las figuras. Menciona un parecido o una diferencia.

1.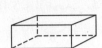

2.

3.

_____   _____   _____

Para los Ejercicios 4 a 6, identifica cada figura.

4. Tengo 5 caras. Cuatro de mis caras son triángulos. ¿Qué cuerpo geométrico soy?

5. Solamente dos de mis caras son triángulos, el resto tiene otra forma. ¿Qué cuerpo geométrico soy?

6. Tengo 6 caras. Todas mis caras tienen forma de cuadrado. ¿Qué cuerpo geométrico soy?

_____   _____   _____

7. Soy un cuerpo geométrico con una superficie curva. ¿Qué cuerpo geométrico soy?

_____

Resolución de problemas y preparación para el TAKS

8. Pedro y June hacen modelos de plastilina. El modelo de Pedro tiene forma de pirámide cuadrada. El modelo de June tiene forma de cubo. ¿En qué se parecen las dos figuras?

9. Mia y Sue hacen modelos de papel. El modelo de Mia tiene forma de cubo. El modelo de Sue tiene forma de prisma rectangular. ¿En que se parecen las dos figuras?

_____   _____

10. ¿En qué se parecen un prisma triangular y una pirámide cuadrada?

   A Ambos tienen 5 caras.
   B Ambos tienen 8 aristas.
   C Ambos tienen 6 vértices.
   D Ambos no tienen caras.

11. Tengo 5 caras. ¿Qué cuerpo geométrico soy?

   F Cilindro
   G pirámide cuadrada
   H esfera
   J cono

Práctica

Comparar atributos

Compara.

1. ¿Cuál es más largo?

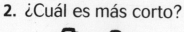

2. ¿Cuál es más corto?

3. ¿Cuál es menos pesada?

_____

4. ¿Cuál tiene más capacidad?

5. ¿Cuál es más pesado?

6. ¿Cuál tiene menos capacidad?

_____

7. Dibuja un objeto que sea más pesado que un libro. Explica tu elección.

_____

_____

8. Dibuja un objeto que sea más bajo que tú. Explica tu elección.

_____

_____

Práctica

Longitud

Elige la unidad que usarías para medir cada uno. Escribe *pulgada,*
pie, yarda **o** *milla.*

1.

2.

3

_____

_____

_____

4. la longitud de una
caja de cereal

5. la longitud de una
cuchara

6. la longitud del río
Mississippi

_____

_____

_____

7. la longitud de una
tetera

8. la distancia entre el
lado norte de dos
ciudades

9. la longitud de un
automóvil

_____

_____

_____

Resolución de problemas y preparación para el TAKS

10. Justin planea caminar muchas
horas a través de las montañas.
¿Qué unidad común de
longitud describe mejor la
distancia que caminará Justin?

11. Alex vio un tiburón adulto en el
acuario. ¿Qué unidad común de
longitud describe mejor la
longitud del tiburón?

_____

_____

12. Lilly quiere medir la longitud de
una bicicleta. ¿Aproximadamente
cuánto mide la bicicleta de largo?

    A 5 pulgadas

    B 5 pies

    C 5 yardas

    D 5 millas

13. Tyler quiere medir la longitud de
un libro. ¿Aproximadamente
cuánto mide el libro de largo?

    F 9 pulgadas

    G 9 pies

    H 9 yardas

    J 9 millas

Práctica

Estimar y medir pulgadas

Mide la longitud a la pulgada más cercana.

1.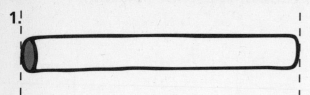

_____

2.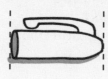

_____

Mide la longitud a la media pulgada más cercana.

3.

_____

4.

_____

Usa una regla. Dibuja una línea para cada longitud.

5. $2\frac{1}{2}$ pulgadas

6. 1 pulgada

Resolución de problemas y preparación para el TAKS

7. Nina mide un marcador que tiene $2\frac{1}{2}$ pulgadas de largo. ¿Entre cuáles dos marcas de pulgada queda el extremo del marcador?

8. ¿Cuál es la longitud de la carta de abajo a la media pulgada más cercana?

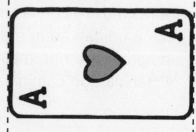

_____

9. ¿Cuál es la longitud de la cuerda de abajo a la media pulgada más cercana?

A 1 pulgada   **C** 2 pulgadas

B $1\frac{1}{2}$ pulgada   **D** $2\frac{1}{2}$ pulgadas

10. ¿Cuál es la longitud de la cuerda de abajo a la media pulgada más cercana?

F 2 pulgadas   **H** 3 pulgadas

G $2\frac{1}{2}$ pulgadas   **J** $3\frac{1}{2}$ pulgadas

Práctica

Estimar y medir pies y yardas

Elige la mejor unidad de medida.

1. la longitud de una alfombra

8 pies u 8 pulgadas

2. la longitud de un cachorro

1 pie o 1 yarda

3. la longitud de un campo de fútbol soccer

100 pies o 100 yardas

4. la longitud de una camioneta

5 pies o 5 yardas

5. la longitud de un sofá

6 pies o 6 yardas

6. la longitud de una cancha de tenis

80 pies u 80 yardas

Usa la Tabla de medidas. Escribe la longitud en pies y pulgadas o en yardas y pies.

7. 38 pulgadas = ☐ pies ☐ pulgadas

8. 14 pies = ☐ yardas ☐ pies

9. 42 pulgadas = ☐ yarda ☐ pulgadas

10. 102 pulgadas = ☐ pies ☐ pulgadas

11. 8 pies = ☐ yardas ☐ pies

Tabla de medidas
1 pie = 12 pulgadas
1 yarda = 3 pies
1 yarda = 36 pulgadas

12. Jamie planea tejer un suéter. Ella necesita 12 pies de lana. Tiene 3 yardas de lana. ¿Tiene Jamie suficiente lana para tejer el suéter? Explica.

_____

_____

© Harcourt

Capacidad

Elige la unidad que usarías para medir la capacidad de cada uno.
Escribe *taza, pinta, cuarto* o *galón*.

1.

2.

3.

4.

_____

5.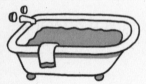

6.

7.

8.

_____

Di cómo se relacionan las unidades.

9. 10 tazas = ☐ pintas   10. 4 cuartos = ☐ pintas   11. ☐ cuartos = 2 galones

12. 4 galones = ☐ tazas 13. ☐ pintas = 7 cuartos 14. 12 tazas = ☐ cuartos

15. 14 pintas = ☐ tazas 16. ☐ cuartos = 1 galón 17. 10 galones = ☐ cuartos

18. Beth necesita llevar un galón de jugo a la fiesta. Compró 2 cuartos de
jugo. Ella no tiene otro jugo, sólo el que acaba de comprar. ¿Compró Beth
suficiente jugo? Explica.

_____

_____

Práctica

Peso

Elige la unidad que usarías para pesar cada uno. Escribe *onza* o *libra*.

1. 	2. 	3. 	4. 
_____	_____	_____	_____

5. 	6. 	7. 	8. 
_____	_____	_____	_____

Halla dos objetos en el salón de clases para emparejar cada peso. Dibújalos y rotula su peso.

9. aproximadamente 5 libras

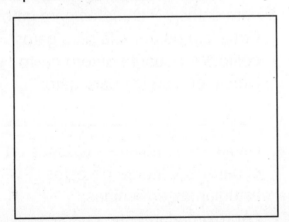

10. aproximadamente 4 onzas

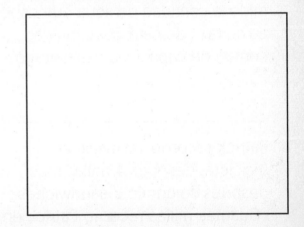

11. Sam le dijo a su amigo que su cachorro de dos meses pesa 4. Él no dio la unidad. ¿Qué unidad de peso debería haber dicho Sam después del 4, onzas o libras?

_____

Nombre _____

Taller de resolución de problemas
Destreza: Elegir una unidad

Práctica de la destreza de resolución de problemas

Elige la mejor unidad de medida para resolver.

1. El Sr. Brill quiere medir la distancia de cada uno de los arcos a la mitad del campo de una cancha de fútbol soccer. ¿Qué unidad común de longitud usará el Sr. Brill?

_____

2. Allison hace jugo para ella y 3 amigos. ¿Qué unidad común de capacidad usa Allison para medir la cantidad de jugo que hizo?

_____

3. George mide cuánta agua cabe en el lavaplatos de su cocina. ¿Qué unidad común de capacidad usa George?

_____

4. Julie mide la longitud del cabello de su hermana. ¿Qué unidad común de longitud usa Julie?

_____

Aplicaciones mixtas

5. Formula un problema George mide la cantidad de agua que cabe en su taza de café. ¿Qué unidad común de capacidad usa George?

_____

6. Gracie compró 6 latas de comida para gatos y 3 juguetes para gatos. Cada lata de comida para gatos costó $2. ¿Cuánto dinero gastó Gracie en comida para gatos?

_____

7. Patrick recorrió 10 millas en bicicleta, después 4 millas más y después se comió 2 sándwiches. ¿Cuántas millas recorrió Patrick en bicicleta en total?

_____

8. Había 26 estudiantes el lunes en el parque. Catorce de estos estudiantes eran niñas. ¿Aproximadamente, cuántos estudiantes en el parque el lunes eran niños?

_____

Temperatura en grados Fahrenheit

Escribe cada temperatura en °F.

1.

2.

3.

4.

_____   _____   _____   _____

Elige la mejor temperatura para cada actividad.

5.

6.

7.

8.

28°F o 78°F   82°F o 32°F   65°F o 25°F   53°F o 93°F

_____   _____   _____   _____

9. Si afuera hubiera 27°F. ¿Qué actividad podría estar haciendo Jeanne afuera? ¿Qué ropa crees tú que podría llevar Jeanne para esta actividad?

_____

_____

Usa un termómetro

Usar los termómetros. Halla la diferencia en las temperaturas.

1.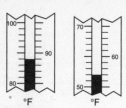

_____

2.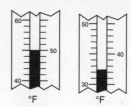

_____

3.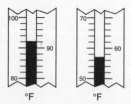

_____

4.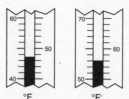

_____

Resolución de problemas y preparación para el TAKS

Para los Ejercicios 5 y 6, usa los termómetros.

5. ¿Cuánto aumentó la temperatura desde las 6 a.m. al mediodía?

_____

6. La temperatura a medianoche fue 12°F más fría que la temperatura al mediodía. ¿Cuál fue la temperatura al mediodía?

_____

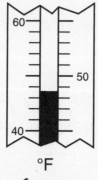 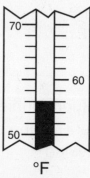

6 a.m.   mediodía

7. La temperatura a las 12:00 p.m. fue de 67°F, 9°F más caliente que a las 9:00 p.m. ¿Cuál fue la temperatura a las 9:00 p.m.?

A 57°F   C 67°F

B 58°F   D 76°F

8. La temperatura a las 6:00 a.m. fue de 34°F, 11°F más fría que a la 1:00 p.m. ¿Cuál fue la temperatura a la 1:00 p.m.?

F 23°F   H 44°F

G 25°F   J 45°F

Práctica

© Harcourt

Longitud

Elige la unidad que usarías para medir cada uno.
Escribe *cm*, *m* o *km*.

1.

2.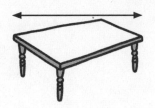

3.

_____

4.

5.

6.

_____

7. distancia entre el lado norte de dos pueblos

8. ancho de un libro

9. altura de un edificio

_____

10. longitud de un carro de bomberos

11. distancia a la luna

12. longitud de una mano

_____

Resolución de problemas y preparación para el TAKS

13. Sheila quiere medir la distancia entre la primera y segunda base en un campo de béisbol. ¿Qué unidad debería usar Sheila?

14. Pedro bateó un jonrón. ¿La pelota viaja 90 cm, 90 dm, 90 m ó 90 km?

_____

15. ¿Cuál tiene aproximadamente 1 decímetro de longitud?

   A un palo de hockey
   B una crayola
   C un sujetapapeles
   D tu dedo gordo

16. ¿Qué unidad usarías para medir la longitud de tu salón de clases?

   F cm
   G dm
   H m
   J km

Práctica

Nombre _____

Centímetros y decímetros

Estima la longitud en centímetros. Después usa una regla en centímetros para medir al centímetro más cercano.

1.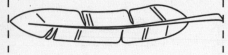

_____

2.

_____

3.

_____

4.

_____

Encierra en un círculo la mejor estimación.

5.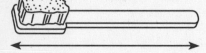

16 cm o 16 dm

6.

13 cm o 13 m

Resolución de problemas y preparación para el TAKS

7. Leo mide 10 dm de alto. Lauren mide 98 cm de alto. ¿Quién es más alto?

_____

8. Un árbol en el patio de Miguel mide 80 dm de alto. ¿Cuántos centímetros de alto mide el árbol?

_____

9. Shirley midió la longitud de su libro de matemáticas. ¿Cuál podría ser la longitud del libro?

  A 600 cm   **C** 26 cm

  B 16 dm   **D** 46 dm

10. ¿Qué objeto mide aproximadamente 1 dm de alto?

  F jirafa   **H** poste de luz

  G vaca   **J** lata de sopa

Práctica

Metros y kilómetros

Elige la unidad que usarías para medir cada uno. Escribe *m* o *km*.

1.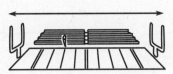

2.

3.

_____

4.

5.

6.

_____

7.

8.

9.

_____

Resolución de problemas y preparación para el TAKS

10. La montaña más alta es el Monte Everest en los Himalayas en Asia. Tiene aproximadamente 8,848 metros de altura. ¿Es el Monte Everest más alto o menos alto que 9 kilómetros? ¿Por cuántos metros?

11. La montaña más alta en Norteamérica es el Monte McKinley en Alaska. Mide aproximadamente 6 kilómetros más 96 metros de alto. ¿Aproximadamente, cuántos metros de alto mide el Monte McKinley?

12. Si el Sr. Smith tarda 4 horas para conducir de su casa a Benton, y conduce a 100 km por hora. ¿Aproximadamente a cuántos kilómetros de distancia está la casa del Sr. Smith de Benton?

A 4   C 400

B 40   D 4,000

13. ¿Cuál mide aproximadamente 1 m de longitud?

F libro   H río

G lápiz   J paraguas

Capacidad

Elige la unidad que usarías para medir la capacidad de cada uno.
Escribe *mL* o *L*.

1.
_____

2.
_____

3.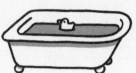
_____

4.
_____

5.
_____

6.
_____

7.
_____

8.
_____

9.
_____

10.
_____

11.
_____

12.
_____

13. En el espacio de la derecha dibuja
y rotula un dibujo de un recipiente
que tenga una capacidad menor
que un litro.

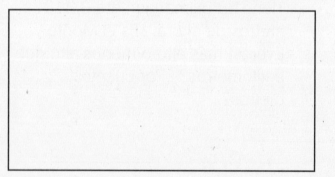

Halla el número que falta.

14. _____ mL = 3 L

15. _____ L = 6,000 mL

16. 9,000 mL = _____ L

17. 10 L = _____ mL

18. 20,000 mL = _____ L

19. _____ L = 13,000 mL

Práctica

© Harcourt

Masa

Elige la unidad que usarías para hallar la masa de cada uno. Escribe *gramo* o *kilogramo*.

1.

_____

2.

_____

3.

_____

4.

_____

5.

_____

6.

_____

7.

_____

8.

_____

9.

_____

10.

_____

11.

_____

12.

_____

13. En el espacio de la derecha, dibuja y rotula un objeto que tenga una masa mayor que 1 kilogramo.

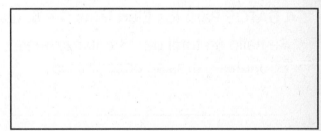

Halla el número que falta.

14. _____ g = 6 kg   15. 12,000 g = _____ kg   16. 20 kg = _____ g

Práctica

Taller de resolución de problemas
Estrategia: Comparar estrategias

Resolución de problemas • Práctica de la estrategia

Haz una tabla o dramatización para resolver.

1. Belinda se encontró un cangrejo bayoneta en la playa. El cangrejo bayoneta medía 40 cm desde la punta de su cola al extremo de su cabeza. ¿Cuántos decímetros de longitud medía el cangrejo bayoneta?

2. Silas hizo un castillo de arena con una zanja alrededor. Virtió 3 L de agua de mar en el foso. ¿Cuántos mililitros de agua de mar virtió Silas en el foso?

Práctica de estrategias mixtas

3. Lucía puede cargar 4,000 mL de agua de mar en su balde. ¿Cuántos litros de agua de mar puede Lucía cargar en su balde?

4. Belinda y Silas juntos recogieron 40 caparazones marinos. Belinda recogió 10 más que Silas. ¿Cuántos caparazones marinos recogió cada uno? Adivina y comprueba para resolver.

USA DATOS Para los Ejercicios 5 y 6, usa la gráfica.

5. Se halló un total de 23 caparazones. ¿Cuántas ostras se encontraron?

6. Lucía quiso guardar dos tipos de caparazones marinos de la gráfica. ¿Qué combinaciones de caparazones podría elegir para guardar?

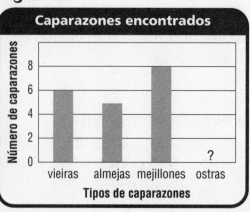

Caparazones encontrados

Práctica

Perímetro

Halla el perímetro de cada figura.

1.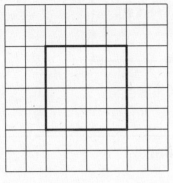

2.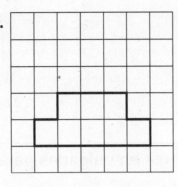

3.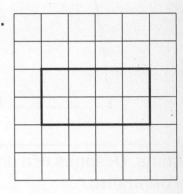

_____

_____

_____

4.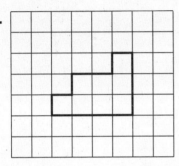

5.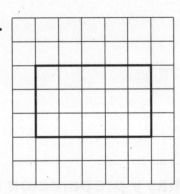

6.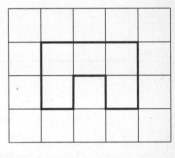

_____

_____

_____

7.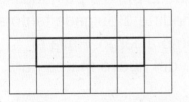

8.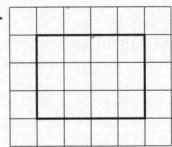

9.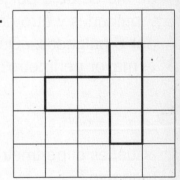

_____

_____

_____

Práctica

Estimar y medir perímetros

Estima. Después usa una regla en centímetros para hallar el perímetro.

1.

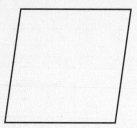

_____

2.

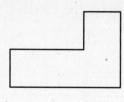

_____

Estima. Después usa una regla en pulgadas para hallar
el perímetro.

3.

_____

4.

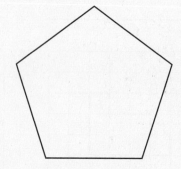

_____

Resolución de problemas y preparación para el TAKS

5. John tiene dos marcos para fotos, un marco de 5 pulgadas por 7 pulgadas y otro de 4 pulgadas por 6 pulgadas. ¿Qué marco tiene el mayor perímetro?

6. Brian tiene un marco para fotos de 8 pulgadas por 10 pulgadas. Quiere añadirle 1 pulgada tanto al ancho como al largo. Halla el perímetro del nuevo marco para fotos.

_____

_____

7. ¿Cuál es el perímetro de este triángulo?

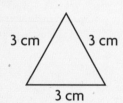

A 6 cm   C 9 cm

B 8 cm   D 12 cm

8. Esta figura tiene un perímetro de 20 cm. ¿Cuál es la longitud del cuarto lado?

F 2 cm   H 10 cm

G 8 cm   J 12 cm

Área de figuras planas

Halla el área de cada figura. Escribe la respuesta en unidades cuadradas.

1.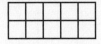

2.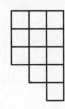

3.

_____

4.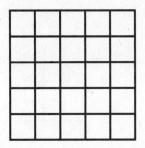

5.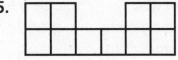

6.

_____

7.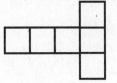

8.

9.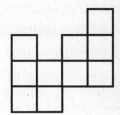

_____

Práctica

Hallar el área

Cuenta o multiplica para hallar el área de cada figura.
Escribe la respuesta en unidades cuadradas.

1.

2.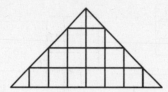

3.

_____   _____   _____

Resolución de problemas y preparación para el TAKS

4. Leslie hizo un mantel tejido que tiene 10 filas con 8 bloques en cada fila. ¿Cuál es el área del mantel tejido en unidades cuadradas?

5. ¿Qué figura tiene el área más grande?

Figura A

Figura B

_____   _____

6. María hace un tapete. Ella creó el siguiente diseño en papel cuadriculado. ¿Cuál es el área de su diseño?

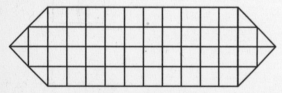

7. Paul hace una placa de cocina con losetas rojas y blancas. Tiene 6 filas de losetas con 6 losetas en cada fila. ¿Cuál es el área de la placa de cocina de Paul?

A 28 unidades cuadradas

B 32 unidades cuadradas

C 48 unidades cuadradas

D 52 unidades cuadradas

F 18 unidades cuadradas

G 20 unidades cuadradas

H 34 unidades cuadradas

J 36 unidades cuadradas

Práctica

Relacionar perímetro y área

Para cada par, halla el perímetro y el área.
Di qué figura tiene el área mayor.

1.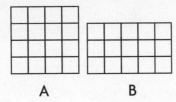

2.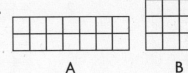

_____

_____

_____

Resolución de problemas y preparación para el TAKS

3. Leah hace un marco para fotografías. El perímetro de su foto es de 24 pulgadas y el área es de 35 pulgadas cuadradas. ¿Cuál es la longitud de los lados de la fotografía?

4. El jardín de Luke tiene un perímetro de 16 pies. ¿Qué diseño le dará a su jardín el área más grande?

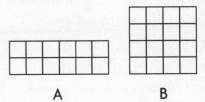

_____

5. ¿Cuál figura tiene un área de 12 unidades cuadradas?

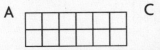

6. ¿Cuál figura tiene un perímetro de 14 unidades?

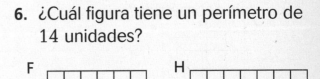
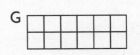

Práctica

Volumen

Usa cubos para hacer cada cuerpo geométrico. Después escribe el volumen en unidades cúbicas.

1.
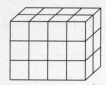

_____

2.

_____

3.

_____

4.
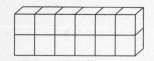

_____

5.
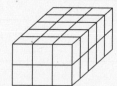

_____

6.

_____

Resolución de problemas y preparación para el TAKS

7. Cada capa de un prisma rectangular tiene 4 unidades cúbicas. El volumen es 8 unidades cúbicas. ¿Cuántas capas hay en el prisma?

_____

8. Teresa tiene 18 cubos para hacer un cuerpo geométrico con 6 cubos en cada capa. ¿Cuántas capas tendrá el cuerpo geométrico?

_____

9. ¿Cuál es el volumen de este cuerpo geométrico?

A 12 unidades cúbicas

B 18 unidades cúbicas

C 27 unidades cúbicas

D 30 unidades cúbicas

10. ¿Cuál es el volumen de este cuerpo geométrico?

F 3 unidades cúbicas

G 6 unidades cúbicas

H 9 unidades cúbicas

J 12 unidades cúbicas

Práctica

Taller de resolución de problemas
Destreza: Usar un modelo

Práctica de la destreza de resolución de problemas

USA DATOS Para los Ejercicios 1 a 3, usa las cajas que están a la derecha.

1. Lilian guarda sus adornos en cajas con forma de cubo. Tiene dos cajas grandes de adornos. Ella busca un adorno especial que está en una caja que contiene 40 adornos. ¿En cuál caja debería buscar?

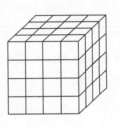 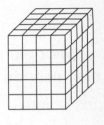

Caja A   Caja B

_____

2. ¿Qué pasaría si la caja B solo tuviera 1 capa de cajas de adornos con forma de cubo? ¿Cuál sería el volumen de la caja B en unidades cúbicas?

_____

3. ¿Qué pasaría si la caja A solo tuviera 3 capas de adornos con forma de cubo? ¿Cuál sería el volumen de la caja A en unidades cúbicas?

_____

Aplicaciones mixtas

4. Tom tiene dos cartones de pelotas de golf. El cartón A tiene 3 capas con 15 pelotas en cada capa. El cartón B tiene 4 capas con 12 pelotas de golf en cada capa. ¿Qué cartón tiene la mayor cantidad de pelotas de golf?

_____

5. Elvira compra una caja de peras. Cada fila tiene 10 peras y hay 3 filas. Si el costo de una pera es de $.50, ¿cuánto costará en total la caja de peras?

_____

6. Wesley tiene 4 tarjetas de hockey más que de béisbol. Si él tiene 28 tarjetas en total, ¿cuántas tarjetas de hockey tiene?

_____

7. Soy un número de 2 dígitos. Mi dígito de las decenas es dos más que el dígito de las unidades. El dígito de mis unidades está entre 4 y 6. ¿Qué número soy?

_____

Práctica

Nombre _____

Representar parte de un entero

Escribe una fracción con números y con palabras para
nombrar la parte sombreada.

1.

_____

2.

_____

3.

_____

Haz un modelo para cada uno. Después escribe la
fracción usando números.

4. dos quintos

_____

5. siete décimos

_____

6. cinco de ocho

_____

Resolución de problemas y preparación para el TAKS

7. Sam corta un pastel de manzana
en 6 porciones. Él se comió una
porción. ¿Qué fracción queda del
pastel?

_____

8. Sam le dio a Jenny 2 porciones
del pastel. Ahora, ¿qué fracción
queda del pastel?

_____

9. ¿Qué fracción de la figura ha
sido sombreada?

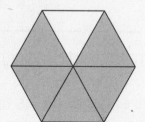

_____

10. ¿Qué fracción de la figura ha sido
sombreada?

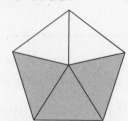

A $\frac{2}{5}$ C $\frac{1}{3}$

B $\frac{3}{3}$ D $\frac{3}{5}$

© Harcourt

Práctica

Representar parte de un grupo

Escribe una fracción que nombre la parte negra de cada grupo.

1.    2.

_____   _____

3.    4.

_____   _____

Dibuja cada uno. Después escribe la fracción que nombra la parte sombreada.

5. Dibuja 5 cuadrados. Sombrea dos cuadrados.

6. Dibuja 8 círculos. Sombrea 5 círculos.

7. Dibuja 4 diamantes. Sombrea 3 diamantes.

_____   _____   _____

Resolución de problemas y preparación para el TAKS

USA DATOS Para los Ejercicios 8 y 9, usa la gráfica de barras.

8. La gráfica de barras muestra las canicas de la colección de Addy. ¿Cuántas canicas tiene Addy en total? _____

9. ¿Qué fracción de las canicas son marrones?

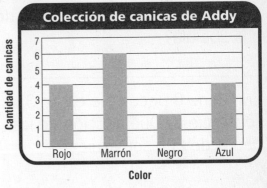

_____

10. ¿Qué fracción de las monedas son monedas de diez ¢?

A $\frac{1}{2}$

B $\frac{1}{8}$

C $\frac{4}{8}$

D $\frac{2}{8}$

11. Jack tiene 10 camiones de juguete. $\frac{1}{5}$ de los camiones son rojos. ¿Cuántos camiones son rojos?

F 2

G 5

H 1

J 10

Práctica

Fracciones equivalentes

Halla una fracción equivalente. Usa barras de fracciones.

1.

1

$\frac{1}{3}$	$\frac{1}{3}$

2.

1

$\frac{1}{6}$	$\frac{1}{6}$	$\frac{1}{6}$	$\frac{1}{6}$

3.

1

$\frac{1}{5}$	$\frac{1}{5}$	$\frac{1}{5}$

_____   _____   _____

Halla el numerador que falta. Usa barras de fracciones.

4. $\quad \frac{2}{8} = \frac{\square}{4}$

5. $\quad \frac{1}{2} = \frac{\square}{10}$

6. $\quad \frac{3}{3} = \frac{\square}{6}$

Resolución de problemas y preparación para el TAKS

7. USA DATOS La gráfica de barras muestra el peso imaginario de tres diferentes tipos de insectos. ¿Cuántos escarabajos son necesarios para igualar el peso de una libélula?

Insectos	
Tipo	**Peso**
escarabajo	$\frac{1}{8}$ gramo
saltamontes	$\frac{1}{2}$ gramo
libélula	$\frac{3}{4}$ gramo

_____

8. Erin tiene 8 peces. De estos, 3 son azules. ¿Qué fracción de los peces de Erin son azules?

A $\frac{1}{2}$

B $\frac{5}{8}$

C $\frac{3}{8}$

D $\frac{2}{4}$

9. ¿Cuál es el numerador que falta?

$$\frac{4}{12} = \frac{\square}{3}$$

F 2

G 4

H 1

J 6

Práctica

Mínima expresión

Escribe cada fracción en su mínima expresión.
Usa barras de fracciones o fichas.

1.

$\frac{1}{8}$	$\frac{1}{8}$	$\frac{1}{8}$	$\frac{1}{8}$	$\frac{1}{8}$	$\frac{1}{8}$

$\frac{1}{4}$	$\frac{1}{4}$	$\frac{1}{4}$

2.

$\frac{1}{6}$	$\frac{1}{6}$	$\frac{1}{6}$	$\frac{1}{6}$

$\frac{1}{3}$	$\frac{1}{3}$

3.

$\frac{1}{10}$	$\frac{1}{10}$	$\frac{1}{10}$	$\frac{1}{10}$	$\frac{1}{10}$

$\frac{1}{2}$

$$\frac{6}{8} = \frac{\square}{\square}$$

$$\frac{4}{6} = \frac{\square}{\square}$$

$$\frac{5}{10} = \frac{\square}{\square}$$

4. $\frac{2}{8} = \frac{\square}{\square}$ 5. $\frac{6}{9} = \frac{\square}{\square}$ 6. $\frac{4}{12} = \frac{\square}{\square}$ 7. $\frac{10}{14} = \frac{\square}{\square}$ 8. $\frac{3}{9} = \frac{\square}{\square}$ 9. $\frac{9}{12} = \frac{\square}{\square}$

Resolución de problemas y preparación para el TAKS

10. Trevor se comió 2 de 7 porciones de pizza. ¿Cuántas porciones de pizza quedaron? Escribe tu respuesta en su mínima expresión.

11. Jen leyó 8 de 12 páginas de un capítulo. ¿Qué fracción de las páginas leyó Jen? Escribe tu respuesta en su mínima expresión.

_____

12. ¿Qué fracción está en su mínima expresión?

A $\frac{1}{2}$

B $\frac{4}{8}$

C $\frac{3}{12}$

D $\frac{2}{6}$

13. ¿Cuál es $\frac{3}{9}$ en su mínima expresión?

F $\frac{2}{3}$

G $\frac{1}{6}$

H $\frac{1}{3}$

J $\frac{1}{9}$

Práctica

Fracciones en una recta numérica.

Escribe las fracciones que faltan en cada recta numérica.

1.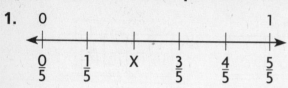

2.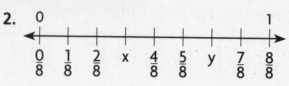

_____   _____

Di qué punto representa cada fracción

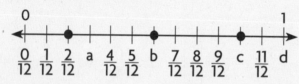

3. $\frac{3}{12}$

_____

4. $\frac{12}{12}$

_____

5. $\frac{1}{2}$

_____

6. $\frac{5}{6}$

_____

Resolución de problemas y preparación para el TAKS

USA DATOS Para los Ejercicios 7 y 8, usa la recta numérica de abajo.

7. La recta numérica muestra la distancia de la escuela (en millas) a la que viven Kate, Ryan y Amy. ¿A qué distancia de la escuela vive Kate?

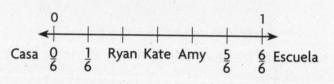

_____

8. ¿A cuántas millas más lejos de la escuela vive Amy que Ryan?

_____

9. Andy tiene 12 monedas. Quiere ponerlas en 3 grupos iguales. ¿Cuántas monedas habrá en cada grupo?

A 1

B 4

C 3

D 2

10. ¿Qué punto representa $\frac{2}{5}$ en la recta numérica?

F a

G c

H b

J d

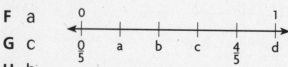

Práctica

Comparar y ordenar fracciones

Compara. Escribe $<, >$ ó $=$ para cada ◯.

1.

$\frac{1}{8}$	$\frac{1}{8}$	$\frac{1}{8}$	$\frac{1}{8}$

$\frac{1}{3}$	$\frac{1}{3}$

2.

$\frac{1}{2}$

$\frac{1}{6}$	$\frac{1}{6}$	$\frac{1}{6}$

3.

$\frac{1}{4}$	$\frac{1}{4}$	$\frac{1}{4}$

$\frac{1}{5}$	$\frac{1}{5}$

$\frac{4}{8}$ ◯ $\frac{2}{3}$ $\frac{1}{2}$ ◯ $\frac{3}{6}$ $\frac{3}{4}$ ◯ $\frac{2}{5}$

4. $\frac{3}{8}$ ◯ $\frac{1}{4}$ **5.** $\frac{2}{3}$ ◯ $\frac{5}{6}$ **6.** $\frac{4}{8}$ ◯ $\frac{3}{6}$

Resolución de problemas y preparación para el TAKS

USA DATOS Para los Ejercicios 7 y 8, usa la tabla.

7. ¿Qué casa está más cerca de la escuela, la de Todd o la de Al?

_____

8. Dan caminó de su casa a la escuela y después a la casa de Todd. ¿Qué distancia está más lejos?

_____

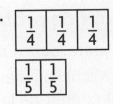

9. Soy mayor que $\frac{2}{8}$ pero menor que $\frac{5}{6}$. Mi denominador es 2. ¿Qué fracción soy?

    A $\frac{1}{2}$ **C** $\frac{3}{8}$

    B $\frac{0}{2}$ **D** $\frac{2}{2}$

10. ¿Qué fracción es mayor que $\frac{3}{5}$?

    F $\frac{3}{6}$ **H** $\frac{7}{8}$

    G $\frac{1}{4}$ **J** $\frac{6}{10}$

© Harcourt

Práctica

Taller de resolución de problemas
Estrategia: Comparar estrategias

Resolución de problemas • Práctica de estrategias

Elige una estrategia. Luego resuelve.

1. Lisa y Michelle jugaron a lanzar aros en la feria. Lisa lanzó $\frac{2}{3}$ de los 18 aros alrededor de la botella. Michelle lanzó $\frac{5}{6}$ de los 18 aros alrededor de la botella. ¿Quién lanzó más aros alrededor de la botella?

_____

2. Chris y sus amigos pidieron helados en el mostrador de comidas. Chris se comió $\frac{1}{3}$ de su helado. Hayden se comió $\frac{3}{5}$ de su helado y Jacob se comió $\frac{2}{8}$ de su helado. ¿Quién comió la porción más grande de helado?

_____

Práctica de estrategias mixtas

USA DATOS Para los Ejercicios 3 y 4, usa la tabla.

3. Para el juego de reventar globos, los jugadores tienen oportunidades para reventar 8 globos. ¿Quién reventó el mayor número de globos?

_____

Juego de reventar globos	
Nombre del jugador	Fracción de globos reventados
Taylor	$\frac{5}{8}$
Sean	$\frac{3}{4}$
Roseanne	$\frac{1}{2}$

4. ¿Quién reventó el menor número de globos?

_____

5. Eileen leyó $\frac{7}{10}$ de un libro para la escuela. Shelly leyó $\frac{4}{5}$ del mismo libro y Kara leyó $\frac{1}{2}$ del libro. ¿Quién leyó la mayor parte del libro?

_____

6. El equipo de Richard trabaja por turnos en el tablero de puntaje del juego. Cada jugador trabajó en el tablero de puntaje por $\frac{1}{6}$ de hora. El juego duró 2 horas. ¿Cuántos jugadores hay en el equipo? _____

© Harcourt

Práctica

Matrices con decenas y unidades

Halla el producto.

1.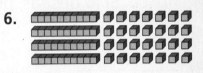

$2 \times 16 =$ _____

2.

$4 \times 13 =$ _____

3.

$3 \times 22 =$ _____

4.

$5 \times 14 =$ _____

5.

$6 \times 15 =$ _____

6.

$4 \times 17 =$ _____

Usa bloques de base 10 o papel cuadriculado para hallar cada producto.

7. $5 \times 25 =$ _____

8. $4 \times 18 =$ _____

9. $4 \times 22 =$ _____

10. $3 \times 19 =$ _____

11. $4 \times 27 =$ _____

12. $8 \times 39 =$ _____

13. $6 \times 38 =$ _____

14. $4 \times 12 =$ _____

15. $7 \times 31 =$ _____

16. $3 \times 24 =$ _____

17. $4 \times 29 =$ _____

18. $9 \times 15 =$ _____

19. $8 \times 16 =$ _____

20. $5 \times 35 =$ _____

Práctica

Nombre _____

Representar la multiplicación de 2 dígitos

Halla el producto. Usa el valor posicional o la reagrupación.

1. 25
   × 2

2. 16
   × 4

3. 34
   × 3

Multiplica. Si lo deseas, puedes usar bloques de base 10 para ayudarte.

4. 22
   × 7

5. 36
   × 3

6. 43
   × 5

7. 24
   × 6

8. 32
   × 5

9. 18
   × 4

10. 31
    × 4

11. 16
    × 4

Resolución de problemas y preparación para el TAKS

12. Hay 300 cepillos en cada paquete. Eli compró 4 paquetes. ¿Cuántos cepillos compró Eli?

_____

13. Hay 20 cajas de crayolas en un cajón. Si cada caja cuesta $3 ¿cuánto cuesta el cajón?

_____

14. La clase de Carter salió a una merienda campestre. Había 13 estudiantes en cada uno de los 4 grupos. ¿Cuántos estudiantes fueron a la merienda campestre?

    A 48
    B 52
    C 56
    D 60

15. Eddie lee 2 horas al día. ¿Cuántas horas lee en 12 semanas?

    F 14
    G 7
    H 168
    J 100

Práctica

Multiplicar números de 2 dígitos

Halla cada producto.

1. 23
    × 4

2. 78
    × 6

3. 77
    × 6

4. 15
    × 9

5. 34
    × 7

6. 39
    × 7

7. 92
    × 3

8. 41
    × 7

9. 84
    × 2

10. 67
    × 3

11. $95 \times 8 =$ _____

12. $57 \times 6 =$ _____

13. $4 \times 99 =$ _____

14. $6 \times 73 =$ _____

Resolución de problemas y preparación para el TAKS

USA DATOS Para los Ejercicios 15 y 16, usa la gráfica.

15. ¿Qué número multiplicado por 3, menos 16, es igual al número de tipos de almuerzos vendidos en total?

_____

16. ¿Qué número multiplicado por 10 es igual al número de tipos de almuerzos vendidos en total?

_____

Almuerzos en la cafetería

Número vendido / Tipo de almuerzo

17. Vincent usa 48 pulgadas de madera para hacer un marco. ¿Cuánta madera necesitará Vincent para hacer 9 marcos?

    A 475 pulgadas
    B 540 pulgadas
    C 432 pulgadas
    D 480 pulgadas

18. Colleen escuchó tres CD. Cada CD dura 63 minutos. ¿En cuántos minutos escuchó Colleen los tres CD?

    F 146 minutos
    G 169 minutos
    H 189 minutos
    J 378 minutos

Práctica

Practicar la multiplicación de números de 2 dígitos

Multiplicar. Usa productos parciales o la reagrupación.

| 1. $\begin{array}{r} 23 \\ \times\ 7 \\ \hline \end{array}$ | 2. $\begin{array}{r} 78 \\ \times\ 3 \\ \hline \end{array}$ | 3. $\begin{array}{r} 28 \\ \times\ 2 \\ \hline \end{array}$ | 4. $\begin{array}{r} 53 \\ \times\ 4 \\ \hline \end{array}$ | 5. $\begin{array}{r} 34 \\ \times\ 7 \\ \hline \end{array}$ |

| 6. $\begin{array}{r} 33 \\ \times\ 2 \\ \hline \end{array}$ | 7. $\begin{array}{r} 67 \\ \times\ 5 \\ \hline \end{array}$ | 8. $\begin{array}{r} 52 \\ \times\ 9 \\ \hline \end{array}$ | 9. $\begin{array}{r} 82 \\ \times\ 3 \\ \hline \end{array}$ | 10. $\begin{array}{r} 71 \\ \times\ 5 \\ \hline \end{array}$ |

11. $95 \times 4 =$ ____   **12.** $57 \times 5 =$ ____   **13.** $4 \times 39 =$ ____   **14.** $2 \times 77 =$ ____

15. $32 \times 5 =$ ____   **16.** $9 \times 15 =$ ____   **17.** $3 \times 21 =$ ____   **18.** $57 \times 8 =$ ____

Resolución de problemas y preparación para el TAKS
USA DATOS Para los Ejercicios 19 y 20, usa el menú.

19. Trevor compra un almuerzo caliente en la escuela durante 2 semanas. ¿Cuánto gasta en total?
(1 semana de escuela = 5 días)

_____

20. Si Trevor compra un almuerzo caliente cada día de escuela durante 2 semanas y sándwiches cada día de escuela durante 2 semanas, ¿cuánto dinero gasta en comida?

_____

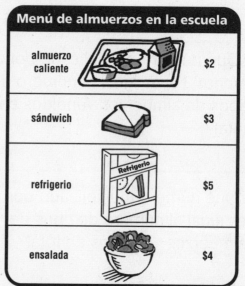

Menú de almuerzos en la escuela	
almuerzo caliente	$2
sándwich	$3
refrigerio	$5
ensalada	$4

21. Andrew reunió 32 listones de madera para hacer un marco. Si usa el mismo número de listones para hacer cada marco, ¿cuántos listones de madera necesitará para hacer 8 marcos?

A 266 listones

B 256 listones

C 326 listones

D 156 listones

22. Jackie escuchó 4 CD. Cada CD dura 42 minutos. ¿En cuántos minutos escuchó Jackie los tres CD?

F 146 minutos

G 169 minutos

H 168 minutos

J 378 minutos

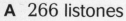

Práctica

© Harcourt

Taller de resolución de problemas
Estrategia: Resolver un problema más sencillo
Resolución de problemas • Práctica de la estrategia

1. El club de música da un concierto para reunir fondos para nuevas partituras. Ellos obtienen $0.75 por cada boleto vendido. El club vende 99 boletos. ¿Cuánto dinero reunieron?

2. Brett usa casas de juguete para construir su modelo de pueblo. Las casas de juguete vienen en paquetes de 65. Si Brett compra 4 paquetes, ¿cuántas casas de juguete tendrá?

Práctica de estrategias mixtas
USA DATOS Para los Ejercicios 3 y 4, usa la tabla.

3. Algunos estudiantes de tercer grado recogen enlatados para una campaña de alimentos. La tabla muestra los alimentos que han recogido. Si 4 estudiantes de tercer grado cada uno recogió el mismo número de enlatados de cada tipo de alimento, ¿cuál es la cantidad total de enlatados de arveja y de maíz que recogieron?

Alimentos	Cantidad de latas
Arvejas	35
Maíz	27
Pollo	15
Papas	22
Sopa	13

4. Si los 4 estudiantes de tercer grado recogieron el mismo número de cada tipo de alimento cada uno, ¿cuántos enlatados más de papa recogieron que enlatados de pollo?

5. Heath es voluntario en la biblioteca 3 días a la semana durante los veranos. Él reorganiza 97 libros o más cada día de voluntariado. ¿Cuál es el menor número de libros que Heath reorganiza cada semana?

6. En la clase de entrenamiento para perros hay en fila un perro café, un perro negro, uno blanco y uno gris. El perro negro no es el último, el perro blanco está frente al perro café. El perro café está segundo. Haz un dibujo para mostrar el orden en que están los perros.

Práctica

Probabilidad: Posibilidad de los sucesos

Para los Ejercicios 1 a 6, usa la bolsa de fichas cuadradas. Cada ficha tiene el mismo tamaño y forma.

Di si cada suceso es *más probable, menos probable, seguro* o *imposible*.

1. sacar una loseta azul

_____

2. sacar una loseta roja

_____

3. sacar una loseta blanca

_____

4. sacar una loseta amarilla

_____

5. sacar una loseta

_____

6. sacar una loseta verde, azul, amarilla o roja

_____

A es azul   **V** es verde
R es roja   **Am** es amarilla

Resolución de problemas y preparación para el TAKS

USA DATOS Para los ejercicios 7 y 8, usa la tabla. Ben saca un premio de la bolsa sin mirar. Todos los premios tienen la misma forma y tamaño.

7. ¿Es seguro o imposible que Ben saque un juguete de peluche?

_____

8. ¿Es más probable o menos probable que Ben saque una bola roja?

_____

Premios en la bolsa	
Premios	Número
bola azul	3
bola roja	5
bola verde	1

9. Charles saca sin mirar una camisa de su gaveta. Cuatro de sus camisas son blancas, 1 es amarilla y 5 son azules. ¿Cuál representa la posibilidad de que Charles saque una camisa amarilla?

  A más probable   **C** seguro

  B menos probable   **D** imposible

10. Sara juega con una rueda giratoria. La rueda giratoria tiene 8 secciones de igual tamaño: 1 verde, 3 azules, 2 blancas y 2 rojas. ¿Qué color es menos probable que salga?

  F verde   **H** blanco

  G azul   **J** rojo

Práctica

2 resultados posibles

Para los Ejercicios 1 y 2, enumera los resultados posibles para cada uno.

1. Elizabeth sacará una canica de la bolsa.

_____

_____

_____

R es rojo   V es verde
A is azul

2. Joe usará la rueda giratoria.

_____

_____

_____

_____

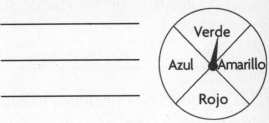

Resolución de problemas y preparación para el TAKS

USA DATOS Para los Ejercicios 3 y 4, usa la rueda giratoria con secciones iguales.

3. John va a usar la rueda giratoria. ¿Cuáles son los resultados posibles?

_____

_____

4. Si John hace girar la rueda, ¿es igualmente probable que caiga en verde o en naranja?

_____

5. ¿Qué resultado de la rueda giratoria NO es posible con los siguientes colores una vez: amarillo, verde y azul?

   A amarillo

   B blanco

   C azul

   D verde

6. ¿Cuáles son los resultados igualmente probables para una rueda giratoria, con secciones de igual tamaño, con estas secciones: 2 secciones amarillas, 3 secciones rojas, 4 secciones blancas y 2 secciones azules?

   F amarillo y rojo

   G amarillo y blanco

   H amarillo y azul

   J rojo y blanco

Práctica

Experimentos

Para los Ejercicios 1 a 3, usa las cajas de crayolas.
Cada crayola tiene el mismo tamaño y forma.

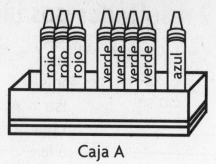

Caja A

1. En la Caja B, ¿qué resultados son igualmente
   probables?

   _____

2. ¿Qué color de crayola es más probable
   sacar de la Caja A?

   _____

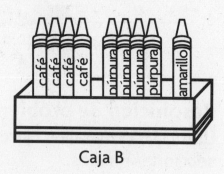

Caja B

3. ¿Cuáles son los resultados posibles
   de la Caja A?

   _____

Resolución de problemas y preparación para el TAKS

USA DATOS Para los Ejercicios 9 y 10, usa la tabla.

4. Una caja de galletas contiene 4
   galletas de pasas, 4 de avena y
   6 de jengibre de igual tamaño y
   forma. ¿Cuál galleta tiene más
   probabilidad de ser sacada?

5. ¿Qué resultados son igualmente
   probables de sacar de una bolsa,
   con canicas de igual tamaño, con
   2 canicas rojas, 3 verdes y
   2 amarillas?

6. ¿Qué resultado es menos
   probable de sacar de una bolsa
   de canicas de igual tamaño, con 4
   canicas rojas, 2 azules, 1 verde y
   1 amarilla?

   A roja   C verde

   B azul   D amarillo

7. ¿Cuál es la probabilidad de sacar
   una canica verde de una bolsa
   con canicas de igual tamaño, que
   tiene 4 canicas rojas, 2 azules,
   1 verde y 3 amarillas?

   F 1 de 10   H 3 de 10

   G 2 de 10   J 4 de 10

Práctica

© Harcourt

Predecir sucesos futuros

1. La tabla de conteo muestra los resultados de sacar canicas 30 veces, de una bolsa de canicas de igual tamaño. Usa los datos en la tabla de conteo para predecir el color que saldrá la próxima vez. Explica.

Resultados de las canicas	
Color	**Marca**
Amarillo	JHT JHT IIII
Naranja	JHT JHT
Púrpura	JHT I

_____

2. La tabla de conteo muestra los resultados de 25 giros de una rueda giratoria con secciones de igual tamaño. Usa los datos de la tabla de conteo para predecir el color en que caerá el puntero la próxima vez. Explica.

Resultados de la rueda giratoria	
Color	**Marca**
Rojo	JHT II
Verde	JHT I
Azul	JHT JHT II

_____

Resolución de problemas y preparación para el TAKS

3. **USA DATOS** La gráfica muestra los resultados de sacar 35 veces losetas de una bolsa. William va a sacar una loseta de la bolsa. Predice el color que sacará.

_____

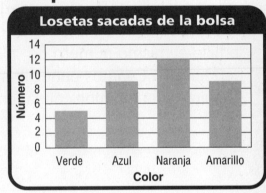

4. La tabla de conteo da los resultados de sacar 25 veces canicas de una bolsa. ¿Qué resultado es el más frecuente?

A rojo

B azul

C amarillo

D verde

Resultados de las canicas	
Color	**Marca**
rojo	JHT
azul	JHT JHT I
amarillo	JHT IIII

5. La tabla muestra los resultados de lanzar una moneda 30 veces. ¿Cuál es la mejor predicción para la próxima vez que se lance la moneda?

F Cara

G Cruz

H Ninguno

J Ambos tienen la misma probabilidad

Lado	Marca
Cara	JHT JHT JHT
Cruz	JHT JHT JHT

Práctica

Taller de resolución de problemas
Estrategia: Hacer una lista organizada

Resolución de problemas • Práctica de la estrategia.

USA DATOS Para los Ejercicios 1 y 2, usa la tabla.

1. Peter quiere hacer un sándwich con 1 tipo de carne y 1 tipo de pan. ¿Cuántas combinaciones de carne y pan diferentes puede hacer Peter?

Carne	Queso	Pan
roast beef	suizo	blanco
pavo	cheddar	integral
jamón		

_____

2. Lizzy quiere hacer un sándwich con 1 tipo de pan y 1 tipo de queso. ¿Cuántas combinaciones diferentes de pan y queso puede hacer Lizzy?

_____

Práctica de estrategias mixtas

3. Mara horneó 60 panecillos para una reunión familiar. Ella quiere darle a cada uno de los 20 miembros de su familia el mismo número de panecillos. ¿Cuántos panecillos recibirá cada miembro de la familia?

_____

4. Frank tiene 15 monedas de 1¢, 6 monedas de 10¢ y 5 monedas de 5¢. ¿Cuántas combinaciones diferentes de cambio puede hacer Frank, de tal manera que él pueda comprar un pedazo de chicle que cuesta $0.23?

_____

5. **USA DATOS** Jamal y su hermana necesitan útiles escolares. Cada uno necesita 8 lápices, 10 marcadores, 10 bolígrafos y 2 carpetas. ¿Cuántos paquetes de cada tipo de útiles para la escuela necesitan comprar Jamal y su hermana? Dibuja un diagrama para ayudarte a resolver el problema.

_____

Útiles escolares	
Tipo	Número
lápices	12
marcadores	8
bolígrafos	10
carpetas	4

Práctica

© Harcourt

Repaso en espiral

Repaso en espiral

Para los ejercicios 1 a 5, escribe el valor del dígito subrayado.

1. 9,4<u>2</u>0 _____

2. <u>1</u>,609 _____

3. 2,09<u>3</u> _____

4. <u>3</u>,826 _____

5. 7,<u>8</u>24 _____

Para los Ejercicios 6 y 7, lee el termómetro.
Escribe la temperatura.

6.

_____ °F

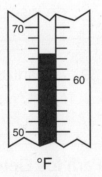
°F

7.

_____ °F

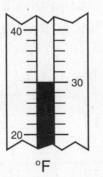
°F

Para los Ejercicios 8 a 9, un salón de clases realiza una encuesta sobre mascotas. Escribe los resultados con marcas de conteo.

8. 3 estudiantes tienen perros.

_____

9. 6 estudiantes tienen peces.

_____

10. Observa la tabla de la derecha. ¿Cuántos estudiantes faltaron el lunes?

_____

Ausencias	
Día	Marca
lunes	|||||
martes		
miércoles	|||

Para los Ejercicios 11 a 14, dibuja la figura que sigue en el patrón.

11. [gris] [blanco] [gris] [blanco] _____

12. □ ○ ○ □ ○ ○ _____

13. ⬮ ⬯ ⬮ ⬯ ⬮ _____

14. ◺ ◹ ◺ ◹ ◺ _____

© Harcourt

Repaso en espiral

 Para los ejercicios 1 a 5, escribe el valor del dígito subrayado.

1. 7,8<u>1</u>6 _____

2. <u>9</u>,217 _____

3. 6,42<u>2</u> _____

4. <u>3</u>,405 _____

5. 6,<u>2</u>12 _____

 Para los Ejercicios 6 a 10, escribe la hora que se muestra en el reloj.

6. _____

7. _____

8. _____

9. _____

10. _____

Para los Ejercicios 11 a 13, usa la gráfica para responder las preguntas.

11. ¿Quién encontró más insectos?

_____

12. ¿Quiénes son los dos niños que encontraron la misma cantidad de insectos?

_____

13. ¿Cuántos insectos encontró Mark?

_____

Para los Ejercicios 14 a 17, dibuja una línea en la figura para hacer las figuras dadas.

14. Haz un triángulo y un trapecio.

15. Haz dos triángulos.

16. Haz dos rectángulos.

17. Haz un triángulo y un trapecio.

Repaso en espiral

© Harcourt

Repaso en espiral

Para los Ejercicios 1 a 5, compara. Escribe <, > ó = para cada ◯.

1. 546 ◯ 748

2. 208 ◯ 200

3. 969 ◯ 996

4. 6,399 ◯ 6,399

5. 3,000 ◯ 2,999

Para los ejercicios 6 a 8, da el área de la figura.

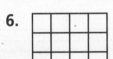

6. _____ unidades cuadradas

7. 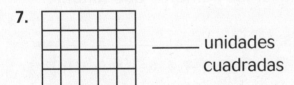 _____ unidades cuadradas

8. 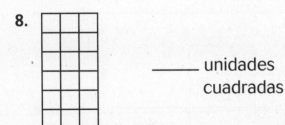 _____ unidades cuadradas

Para los Ejercicios 9 a 11, usa la tabla de conteo de abajo. Haz que el símbolo de 👤 represente 1 estudiante. Dibuja el número de símbolos que se necesitan para mostrar los datos para cada deporte.

Deporte favorito	
Deporte	**Marca**
Natación	IIII
Karate	IIII I
Fútbol	II

9. natación _____

10. karate _____

11. fútbol _____

Para los Ejercicios 12 a 15, escribe los números que faltan en el patrón.

12. Cuenta salteado de dos en dos:

16, 18, _____, _____, _____, _____

13. Cuenta salteado de tres en tres:

31, 34, _____, _____, _____, _____

14. Cuenta salteado de cinco en cinco:

55, 60, _____, _____, _____, _____

15. Cuenta salteado de diez en diez:

49, 59, _____, _____, _____, _____

Repaso en espiral

Repaso en espiral

Para los Ejercicios 1 a 5, halla cada diferencia. Usa la suma para comprobar.

1. 536
   −159

2. 627
   −548

3. 972
   −601

4. 840
   −588

5. 900
   −199

Para los Ejercicios 6 a 9, sombrea el área dada.

6. 6 unidades cuadradas

7. 10 unidades cuadradas

8. 9 unidades cuadradas

9. 13 unidades cuadradas

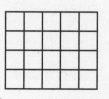

Para los Ejercicios 10 a 12, usa el patrón de la tabla para responder las preguntas.

número de arañas	1	2	3	4		6
número de patas	8	16	24		40	

10. ¿Cuántas patas tienen 4 arañas?

   _____

11. Hay 40 patas, ¿cuántas arañas hay?

   _____

12. ¿Cuántas patas tienen 6 arañas?

   _____

Para los Ejercicios 13 a 15, usa la recta numérica para hallar los números que faltan.

13.

   _____

14.

   _____

15.

   _____

Repaso en espiral

Repaso en espiral

Para los Ejercicios 1 a 5, redondea cada número a la centena más cercana.

1. 1,580 _____

2. 2,094 _____

3. 6,527 _____

4. 9,099 _____

5. 602 _____

Para los Ejercicios 6 a 8, llena el espacio en blanco. Un clip pequeño mide cerca de 1 pulgada de largo.

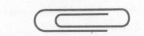

6. _____

Esta línea mide cerca de _____ pulgadas de largo.

7. _____

Esta línea mide cerca de _____ pulgadas de largo.

8. _____

Esta línea mide cerca de _____ pulgada de largo.

Para los Ejercicios 9 y 10, un salón de clases realiza una encuesta sobre el medio de transporte que usan los estudiantes para ir a la escuela. Escribe los resultados con marcas de conteo.

9. 7 estudiantes van en bicicleta.

_____

10. 11 estudiantes van en autobús.

_____

11. Observa la tabla de la derecha. ¿Cuántos estudiantes se fueron de vacaciones durante las vacaciones de primavera?

_____

Vacaciones de primavera	
Actividad	**Marca**
Quedarse en casa	ℍℍ |||
Visitar a la familia	ℍℍ	
Ir de vacaciones	ℍℍ ℍℍ

Para los Ejercicios 12 a 15, escribe el número que sigue en el patrón.

12. 1, 3, 5, 7, 9, _____

13. 27, 22, 17, 12, 7, _____

14. 5, 8, 11, 14, 17, _____

15. 10, 20, 30, 40, 50, 60, _____

Repaso en espiral

Para los Ejercicios 1 a 5, usa el modelo para hallar la diferencia.

1. $\begin{array}{r} 400 \\ -263 \\ \hline \end{array}$

2. $\begin{array}{r} 210 \\ -193 \\ \hline \end{array}$

3. $\begin{array}{r} 316 \\ -144 \\ \hline \end{array}$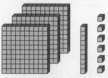

4. $\begin{array}{r} 142 \\ -99 \\ \hline \end{array}$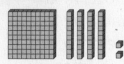

5. $\begin{array}{r} 405 \\ -158 \\ \hline \end{array}$

Para los Ejercicios 9 a 11, usa la gráfica para responder las preguntas.

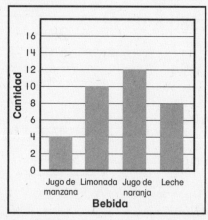

9. ¿Qué bebida se sirvió con más frecuencia? _____

10. ¿Cuántos jugos de manzana se sirvieron? _____

11. ¿Cuántas más limonadas que leches se sirvieron? _____

Para los Ejercicios 6 a 8, llena los espacios en blanco. El dedo de un niño mide aproximadamente 1 cm de ancho.

6. _____

    Esta línea mide aproximadamente

    _____ cm de largo.

7. _____

    Esta línea mide aproximadamente

    _____ cm de largo.

8. _____

    Esta línea mide aproximadamente

    _____ cm de largo.

Para los Ejercicios 12 y 13, usa la recta numérica para encontrar los números que faltan.

12.

    _____

13.

    _____

Repaso en espiral

Nombre _____

Repaso en espiral

Para los Ejercicios 1 a 5, redondea o usa números compatibles para estimar cada suma.

1. 47 +52
2. 28 +23
3. 576 +139
4. 304 +188
5. 146 +149

Para los Ejercicios 6 y 7, lee el termómetro. Escribe la temperatura.

6.  _____ °F

7. _____ °F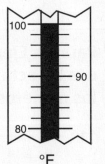

Para los Ejercicios 8 y 9, un salón de clases realiza una encuesta sobre el recreo. Escribe los resultados con marcas de conteo.

8. 8 estudiantes juegan al basquetbol.
_____

9. 4 estudiantes atrapan insectos.
_____

10. Observa la tabla de abajo. ¿Cuántos estudiantes trajeron almuerzo el miércoles?

| Almuerzos traídos | |
Día	Marca
lunes	IIII IIII
martes	IIII I
miércoles	IIII III

Para los Ejercicios 11 a 13, predice el número que sigue en cada patrón. Explica.

11. 1, 2, 4, 8, ☐
_____

12. 19, 23, 27, 31, ☐
_____

13. 900, 800, 700, 600, ☐
_____

Repaso en espiral

Para los Ejercicios 1 a 3, escribe la cantidad que se muestra.

1.

   _____

2.

   _____

3.

   _____

Para los Ejercicios 8 a 10, usa la tabla de conteo de abajo. Haz que el símbolo de 𝑥 represente 1 estudiante. Pon el número de símbolos que se necesitan para mostrar los datos.

La música que escuchamos	
Música	**Marca**
Clásica	‖‖‖ ‖‖
Pop	‖‖‖
Country	‖‖‖ ‖

8. Clásica _____

9. Pop _____

10. Country _____

Para los Ejercicios 4 a 7 sombrea el área dada.

4. 8 unidades cuadradas

5. 15 unidades cuadradas

6. 4 unidades cuadradas

7. 18 unidades cuadradas

Para los Ejercicios 11 a 13, usa la recta numérica para hallar los números que faltan.

11.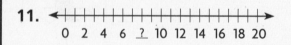
    0 2 4 6 ? 10 12 14 16 18 20

    _____

12.
    0 2 4 6 8 10 12 14 ? 18 20

    _____

13.
    0 2 ? 6 8 10 12 14 16 18 20

    _____

© Harcourt

Repaso en espiral

Para los Ejercicios 1 a 5, compara. Usa <, > ó = para cada ◯.

1. 1,558 ◯ 1,558

2. 7,094 ◯ 7,904

3. 848 ◯ 8,846

4. 3,547 ◯ 3,547

5. 4,999 ◯ 5,001

Para los Ejercicios 6 a 10, escribe la hora que se muestra en el reloj.

6. _____

7. _____

8. _____

9. _____

10.  _____

Para los Ejercicios 11 y 12, un salón de clases realiza una encuesta sobre colores favoritos. Escribe los resultados con marcas de conteo.

11. 13 estudiantes escogieron rojo.

_____

12. 9 estudiantes escogieron azul.

_____

13. Observa la tabla de abajo. ¿Cuántos estudiantes más llevaban camisas blancas que camisas verdes?

_____

Camisa	
Color	Marca
blanca	‖‖‖ |
anaranjada	‖
verde	‖‖‖

Para los Ejercicios 14 a 16, predice el número que sigue en cada patrón. Explica.

14. 22, 26, 30, 34, 38, ▢

_____

15. 99, 88, 77, 66, ▢

_____

16. 300, 350, 400, 450, ▢

_____

Nombre _____

Repaso en espiral

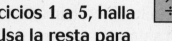

Para los Ejercicios 1 a 5, halla
cada suma. Usa la resta para
comprobar.

1.   567
   +207

2.   789
   +116

3.   207
   +718

4.   836
   +855

5.   207
   +793

Para los Ejercicios 6 a 10,
escribe la hora que se muestra
en el reloj.

6.   _____

7.  _____

8.  _____

9.  _____

10.   _____

Para los Ejercicios 11 a 13,
usa la gráfica para
responder las preguntas.

11. ¿Qué jugador anotó el mayor
    número de puntos?

    _____

12. ¿Cuántos puntos anotó Nicholas?

    _____

13. ¿Cuántos puntos más anotó Tyler
    que Sarah?

    _____

Para los Ejercicios 14 y 15,
usa la recta numérica para
hallar los números que faltan.

14.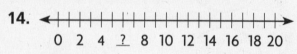
    0 2 4 ? 8 10 12 14 16 18 20

    _____

15.
    ? 2 4 6 8 10 12 14 16 18 20

    _____

© Harcourt

SR10 Repaso en espiral

Repaso en espiral

Para los Ejercicios 1 a 5, usa el modelo para hallar la diferencia.

1. 290
    −217
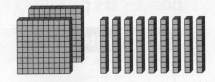

2. 401
    −158

3. 250
    −167
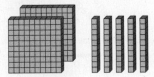

4. 202
    − 79

5. 320
    −131

Para los Ejercicios 9 a 11, usa la tabla de conteo de abajo. Haz que el símbolo represente 1 estudiante. Pon el número de símbolos que se necesitan para mostrar los datos para cada materia.

Materia favorita	
Materia	Marca
Matemáticas	卌 I
Ciencias	卌 II
Lectura	卌

9. Matemáticas _____

10. Ciencias _____

11. Lectura _____

Para los Ejercicios 6 a 8, dibuja la hora que se muestra en el reloj.

6. 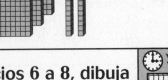 9:41

7.  10:38

8.  2:23

Para los Ejercicios 12 a 14,  dibuja la figura que sigue en el patrón.

12. □○□○□○__

13. ||•||•||•|__

14. □ □□ □⅃ ___

Repaso en espiral

Para los Ejercicios 1 a 5, redondea cada número a la centena más cercana.

1. 6,581 _____

2. 1,157 _____

3. 8,502 _____

4. 8,205 _____

5. 495 _____

Para los Ejercicios 10 a 12, usa la gráfica para responder las preguntas.

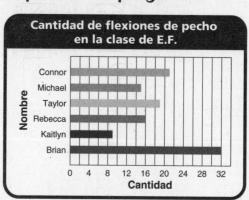

10. ¿Qué estudiante hizo exactamente 16 flexiones?

_____

11. ¿Cuántas flexiones más hizo Connor que Michael? _____

12. ¿Cuántos estudiantes hicieron más de 20 flexiones? _____

Para los Ejercicios 6 a 9 sombrea el área dada.

6. 12 unidades cuadradas

7. 14 unidades cuadradas

8. 7 unidades cuadradas

9. 15 unidades cuadradas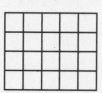

Para los Ejercicios 13 a 16, dibuja una línea en la figura para hacer las figuras dadas.

13. Haz dos trapecios.

14. Haz dos triángulos.

15. Haz dos cuadrados.

16. Haz dos triángulos.

© Harcourt

Repaso en espiral

Para los Ejercicios 1 a 4, usa 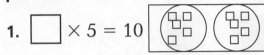 los dibujos para hallar el número que falta.

1. ⬜ × 5 = 10

2. ⬜ × 3 = 9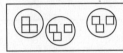

3. ⬜ × 2 = 8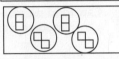

4. ⬜ × 9 = 9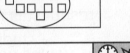

Para los Ejercicios 5–7, llena el espacio en blanco.
Un clip pequeño mide cerca de 1 pulgada de largo.

5.
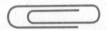

Esta cuerda mide cerca de ____ pulgada de largo.

6.

Esta crayola mide cerca de ____ pulgadas de largo.

7.

Esta hoja mide cerca de ____ pulgadas de largo.

Para los Ejercicios 8 y 9, un salón de clases realiza una encuesta sobre sus héroes. Escribe los resultados con marcas de conteo.

8. 15 estudiantes escogieron a Martin Luther King Jr.

_____

9. 9 estudiantes escogieron a Eleanor Roosevelt.

_____

10. Observa la tabla de la derecha. ¿Cuántos estudiantes más escogieron a la Madre Teresa que a Thomas Edison? _____

¿Quién es tu héroe?	
Persona	Marca
Thomas Edison	$\cancel{||||}\ ||$
Abraham Lincoln	$||||$
Madre Teresa	$\cancel{||||}\ |||$

Para los Ejercicios 11 a 14, halla el producto.

11.
2 × 5 = ____

12.
3 × 2 = ____

13.
5 × 4 = ____

14.
1 × 7 = ____

© Harcourt

Repaso en espiral

Para los Ejercicios 1 a 5, usa redondear o números compatibles para estimar cada suma.

1. 36
    +19

2. 61
    +85

3. 306
    +294

4. 919
    +237

5. 278
    +144

Para los Ejercicios 6 a 8, llena los espacios en blanco. Un clip pequeño mide cerca de 1 pulgada de largo.

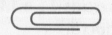

6. _____

   Esta línea mide entre _____ y

   _____ pulgadas de largo.

7. _____

   Esta línea mide entre _____ y

   _____ pulgadas de largo.

8. _____

   Esta línea mide entre _____ y

   _____ pulgada de largo.

Para los Ejercicios 9 a 11, usa el diagrama de puntos para responder las preguntas.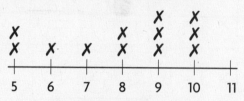

Cantidad de respuestas incorrectas

9. ¿Cuál fue el número menor de respuestas incorrectas? _____

10. ¿Cuántas personas contestaron 7 preguntas incorrectamente?

    _____

11. ¿Cuál fue el número mayor de respuestas incorrectas? _____

Para los Ejercicios 12 a 15, dibuja una línea en la figura para hacer las figuras que se piden.

12.  Haz dos triángulos.

13. Haz dos rectángulos.

14. 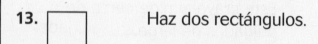 Haz dos trapecios.

15. Haz un triángulo y un trapecio.

Repaso en espiral

Para los Ejercicios 1 a 3, escribe la cantidad que se muestra.

1. _____

2. _____

3. _____

Para los Ejercicios 4 a 7 nombra el área sombreada.

4. _____ unidades cuadradas

5. _____ unidades cuadradas

6. _____ unidades cuadradas

7. _____ unidades cuadradas

Para los Ejercicios 8 y 9, un salón de clases realiza una encuesta sobre sus películas favoritas. Escribe los resultados con marcas de conteo.

8. A 13 estudiantes les gusta la comedia.

_____

9. A 7 estudiantes les gusta el drama.

_____

10. Observa la tabla de la derecha. ¿Cuántos estudiantes más prefieren los rompecabezas a los videojuegos de acción? _____

Videojuego favorito	
Tipo	Marca
Acción	|||||	
Fantasía	|||||
Rompe-cabezas	||||| |||

Para los Ejercicios 11 a 14, halla el producto.

11.
$3 \times 4 = \boxed{}$

12.
$3 \times 6 = \boxed{}$

13.
$4 \times 5 = \boxed{}$

14.
$8 \times 2 = \boxed{}$

© Harcourt

Nombre _____

Repaso en espiral

Para los Ejercicios 1 a 4, usa el dibujo para hallar el factor que falta.

1. ☐ × 4 = 8

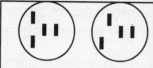

2. ☐ × 4 = 12

3. ☐ × 1 = 4

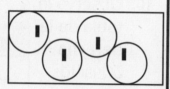

4. ☐ × 12 = 12

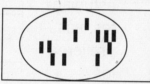

Para los Ejercicios 5 y 6, lee el termómetro. Escribe la temperatura.

5.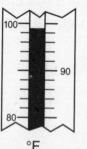

_____ °F

6.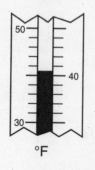

_____ °F

Para los Ejercicios 7 a 9, usa el diagrama de puntos para contestar las preguntas.

Cantidad de batidos de fruta vendidos

7. ¿Cuántos batidos más se vendieron el viernes que el lunes?

_____

8. ¿Qué día vendieron exactamente 4 batidos?

_____

9. ¿Qué día estuvo la tienda cerrada probablemente? _____

Para los Ejercicios 10 a 12, usa la recta numérica para hallar los números que faltan.

10.
```
0 1 2 3 4 5 6 7 ? 9 10 11 12 13 14 15 16 17 18 19 20
```

_____

11.
```
0 1 2 3 4 5 6 7 8 9 10 11 ? 13 14 15 16 17 18 19 20
```

_____

12.
```
0 1 2 3 4 5 6 7 8 9 10 11 12 13 14 15 16 ? 18 19 20
```

_____

Repaso en espiral

© Harcourt

Repaso en espiral

Para los Ejercicios 1 a 5, escribe los números en orden de menor a mayor.

1. 707, 139, 610, 601

    _____

2. 475, 919, 199, 105

    _____

3. 1,978; 2,559; 1,879; 1,421

    _____

4. 2,228; 3,366; 3,334; 2,316

    _____

5. 7,845; 7,942; 7,930; 7,854

    _____

Para los Ejercicios 9 a 13, cambia los números a marcas de conteo.

Tipos de rosas		
Tipo	Cantidad	Conteo
9. Sueño de Belinda	7	
10. Abraham Darby	4	
11. Darland	11	
12. Rosa de té	19	
13. Rosa miniatura	5	

Para los Ejercicios 6 a 8, dibuja la hora que muestra el reloj.

6.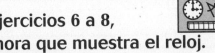

7.

Para los Ejercicios 14 a 17, usa las matrices para hallar el producto.

14. $7 \times 2 =$ ☐

15. $8 \times 4 =$ ☐

16. $9 \times 3 =$ ☐

17. $5 \times 6 =$ ☐

8.

© Harcourt

Repaso en espiral

Para los Ejercicios 1 a 5, halla cada suma. Usa la resta para comprobar

1. 916
    +450

2. 507
    +589

3. 954
    +647

4. 784
    +169

5. 109
    +317

Para los Ejercicios 10 a 12, usa la gráfica para responder las preguntas.

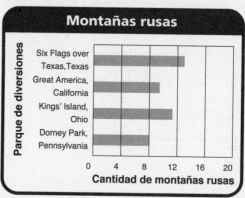

Montañas rusas

Parque de diversiones

Six Flags over Texas, Texas
Great America, California
Kings' Island, Ohio
Dorney Park, Pennsylvania

0   4   8   12   16   20
Cantidad de montañas rusas

10. ¿Cuántas montañas rusas más tiene King's Island que Great America? _____

11. ¿Qué parque tiene 8 montañas rusas?

_____

12. ¿Qué parque tiene más de 12 montañas rusas?

_____

Para los Ejercicios 6 a 9, sombrea el área dada.

6. 13 unidades cuadradas

7. 15 unidades cuadradas

8. 8 unidades cuadradas

9. 16 unidades cuadradas

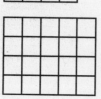

Para los Ejercicios 13 a 16, escribe el número de vértices.

Figura	Vértices
13.	_____
14.	_____
15.	_____
16.	_____

Repaso en espiral

© Harcourt

Repaso en espiral

Para los Ejercicios 1 a 5, compara. Escribe <, > ó = para cada ◯.

1. 7,615 ◯ 7,651

2. 4,507 ◯ 4,507

3. 749 ◯ 794

4. 3,518 ◯ 3,509

5. 2,450 ◯ 2,405

Para los Ejercicios 6 a 8, llena el espacio en blanco. El dedo de un niño mide aproximadamente 1 cm de ancho.

6.

Esta cuerda mide entre _____ y _____ centímetros de largo.

7.

Esta crayola mide entre _____ y _____ centímetros de largo.

8.

Esta hoja mide entre _____ y _____ centímetros de largo.

Para los Ejercicios 9 a 13, un salón de clases realiza una encuesta sobre su jugo favorito. Escribe los resultados con marcas de conteo.

Jugo favorito		
Sabor	Cantidad	Conteo
9. uva	16	
10. naranja	6	
11. fresa-plátano	5	
12. manzana	3	
13. arándano	10	

Para los Ejercicios 14 a 17, usa la matriz para hallar el producto.

14.

$4 \times 6 =$ _____

15.

$7 \times 5 =$ _____

16.

$2 \times 6 =$ _____

17.

$9 \times 4 =$ _____

© Harcourt

Repaso en espiral

Para los Ejercicios 1 a 3, escribe un enunciado de división para cada modelo.

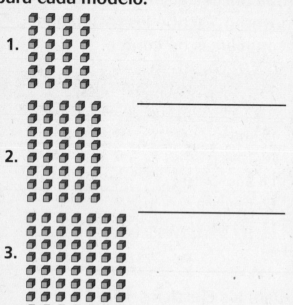

1.

_____

2.

_____

3.

_____

Para los Ejercicios 4 a 6, llena el espacio en blanco. El dedo de un niño mide aproximadamente 1 cm de ancho.

4. _____

Esta línea mide entre _____ y

_____ centímetros de largo.

5. _____

Esta línea mide entre _____ y

_____ centímetros de largo.

6. _____

Esta línea mide entre _____ y

_____ centímetros de largo.

Para los Ejercicios 7 a 9, usa la gráfica para responder las preguntas.

Juegos de parques de diversiones

Cantidad de juegos

Parques de diversiones

7. ¿Cuántos parques tienen más de 60 juegos? _____

8. ¿Qué parque tiene exactamente 60 juegos? _____

9. ¿Qué parques tienen la misma cantidad de juegos?

_____

Para los Ejercicios 10 a 13, escribe el número de vértices de cada figura.

Figura	Vértices
10.	_____
11.	_____
12.	_____
13.	_____

Repaso en espiral

Para los Ejercicios 1 a 3, escribe un enunciado de división para cada modelo.

1.

_____

2.

_____

3.

_____

Para los Ejercicios 4 a 7, nombra el área sombreada.

4.   _____ unidades cuadradas

5. 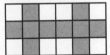   _____ unidades cuadradas

6.   _____ unidades cuadradas

7. 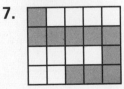   _____ unidades cuadradas

Para los Ejercicios 8 a 12, lee los pasos para hacer la pictografía de una excursión. Después escríbelos en el orden correcto.

A. Muestra el número correcto de fotografías junto a cada excursión.   **8.** _____

B. Escribe un rótulo para cada fila.   **9.** _____

C. Elige una clave para decir a cuántas corresponde cada fotografía.   **10.** _____

D. Elige un título.   **11.** _____

E. Decide cuántas fotografías deben colocarse junto a cada excursión.   **12.** _____

Para los Ejercicios 13 a 17, usa la familia de operaciones para cada grupo de números.

13. 7, 4, 28 _____ _____
_____ _____

14. 5, 7, 35 _____ _____
_____ _____

15. 8, 2, 16 _____ _____
_____ _____

16. 9, 3, 27 _____ _____
_____ _____

17. 6, 6, 36 _____ _____

Repaso en espiral

Para los Ejercicios 1 a 5, halla el producto.

1. 26
    × 8

2. 54
    × 6

3. 71
    × 9

4. 68
    × 3

5. 87
    × 2

Para los Ejercicios 6 y 7, lee el termómetro. Escribe la temperatura.

6.

    _____ °F

    100
    90
    80
    °F

7.

    _____ °F

    90
    80
    70
    °F

Para los Ejercicios 8 a 10, usa la gráfica para responder las preguntas.

Cantidad de parques nacionales						
Massachusetts						
Michigan						
Nueva Jersey						
Nueva York						
Pennsylvania						
Clave: Cada 🛆 = 4 parques nacionales.						

8. ¿Qué estado tiene menos parques nacionales?

    _____

9. ¿Cuántos parques nacionales más tiene Pennsylvania que Massachusetts? _____

10. ¿Qué estado tiene 28 parques nacionales?

    _____

Para los Ejercicios 11 a 13, dibuja una línea que corresponda con la forma de su cara o caras de la figura.

11.

12.

13.   [rectángulo]

© Harcourt

Repaso en espiral

Para los Ejercicios 1 a 5, halla el producto.

1. 19
   × 7

2. 34
   × 8

3. 65
   × 4

4. 54
   × 6

5. 28
   × 5

Para los Ejercicios 6 a 8, escribe la hora que se muestra en el reloj.

6.

7.

8.

Para los Ejercicios 9 a 11, usa la tabla de conteo de abajo. Haz que el símbolo represente 2 estudiantes. Pon el número de símbolos que se necesitan para mostrar los datos para cada presidente.

Presidente favorito	
Presidente	Marca
Washington	︱︱︱︱ ︱︱︱︱ ︱︱
Lincoln	︱︱︱︱ ︱
Kennedy	︱︱︱︱ ︱︱︱︱

9. Washington _____

10. Lincoln _____

11. Kennedy _____

Para los Ejercicios 12 a 14 usa el patrón de la tabla para responder las preguntas.

número de carros	1	2	3	4		6
número de ruedas	4	8	12		20	

12. ¿Cuántas ruedas tienen 4 carros? _____

13. ¿Cuántos carros tienen 20 ruedas? _____

14. ¿Cuántas ruedas tienen 6 carros? _____

Repaso en espiral

Para los Ejercicios 1 a 5, usa los modelos para hallar la diferencia.

1. 300
−172

2. 401
−243

3. 327
−274
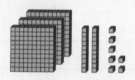

4. 193
− 88

5. 111
− 49

Para los Ejercicios 6 a 9,
sombrea el área dada.

6. 7 unidades
cuadradas

7. 8 unidades
cuadradas

8. 9 unidades
cuadradas

9. 10 unidades
cuadradas
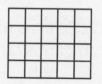

Para los Ejercicios 10 a 12,
usa la gráfica para responder
las preguntas.

10. ¿Aproximadamente, a qué
velocidad va el Top Thrill
Dragster?

_____

11. ¿Cuál es la montaña rusa más
lenta? _____

12. ¿Qué montaña rusa es más
rápida que Nitro pero más lenta
que Top Thrill Dragster?

_____

Para los Ejercicios 13 a 16,
une la figura con el nombre.

13.   triángulo

14.   trapecio

15.   rombo

16.   rectángulo

© Harcourt

Repaso en espiral

Para los Ejercicios 1 a 3, escribe la cantidad.

1.

_____

2.

_____

3.

_____

Para los Ejercicios 4 a 6, llena el espacio en blanco. El dedo de un niño mide aproximadamente un cm de ancho.

4. Esta abeja mide entre _____ y _____ centímetros de largo.

5. Esta oruga mide entre _____ y _____ centímetros de largo.

6. Esta mantis religiosa mide entre _____ y _____ centímetros de largo.

Para los Ejercicios 7 y 8, un salón de clases realiza una encuesta sobre sus lugares favoritos para vacaciones. Escribe los resultados con marcas de conteo.

7. A 11 estudiantes les gustó la playa.

_____

8. A 4 estudiantes les gustaron las montañas.

_____

9. Observa la tabla de abajo. ¿Cuántos estudiantes más prefieren los parques de diversiones que las montañas? _____

Lugares favoritos de vacaciones	
Tipo	**Marca**
Playa	ⅢⅢ ⅢⅢ l
Montañas	llll
Parque de diversiones	ⅢⅢ ⅢⅢ ⅢⅢ ll

Para los Ejercicios 10 a 12, usa la tabla para responder las preguntas.

La tienda de electrónica hizo unas rebajas.

Pilas	3	6	9
Precio	$5	$10	$15

10. ¿Cuál es la regla para esta tabla?

_____

11. ¿Cuánto costaría comprar 15 pilas? _____

12. ¿Cuántas pilas puedes comprar con $30? _____

Repaso en espiral

Repaso en espiral

 Para los Ejercicios 1 a 5, redondea cada número a la centena más cercana.

1. 7,467 _____

2. 3,507 _____

3. 9,291 _____

4. 974 _____

5. 3,074 _____

Para los Ejercicios 6 a 8, sombrea el área dada.

6. 11 unidades cuadradas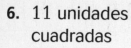

7. 13 unidades cuadradas

8. 12 unidades cuadradas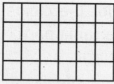

Para los Ejercicios 9 a 11, usa la gráfica para contestar las preguntas.

9. ¿Cuál fue el juego menos votado?

_____

10. ¿Cuántas personas votaron por la rueda de la fortuna? _____

11. ¿Cuántas personas más votaron por la montaña rusa que por la rueda de la fortuna? _____

Para los Ejercicios 12 a 15, dibuja una figura congruente con la que se muestra.

12.

13.

14.

15.

Repaso en espiral

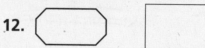

Repaso en espiral

Para los Ejercicios 1 a 4, usa los modelos para hallar los factores que faltan.

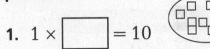

1. $1 \times \boxed{} = 10$

2. $3 \times \boxed{} = 12$

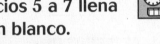

3. $2 \times \boxed{} = 12$

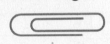

4. $4 \times \boxed{} = 4$

Para los Ejercicios 5 a 7 llena los espacios en blanco.
Un clip pequeño mide cerca de 1 pulgada de largo.

5.

Este pepino mide cerca de _____ pulgadas de largo.

6.

Este ejote mide cerca de _____ pulgadas de largo.

7.

Este chile mide cerca de _____ pulgada de largo.

Para los Ejercicios 8 a 10, un negocio realiza una encuesta sobre sus clientes.
Escribe los resultados con marcas de conteo.

8. 8 clientes ordenaron por Internet.

_____

9. 6 clientes ordenaron por teléfono.

_____

10. Observa la tabla de la derecha. ¿Cuántos clientes ordenaron en total?

_____

¿Qué ordenaron sus clientes?	
Orden	Marca
Juguete	Ⅷ I
Libro	III
CD	Ⅷ IIII

Para los Ejercicios 11 a 15, escribe las operaciones de multiplicación relacionadas.

11. $9 \times 5 = 45$

_____

12. $8 \times 4 = 32$

_____

13. $7 \times 6 = 42$

_____

14. $9 \times 3 = 27$

_____

15. $1 \times 10 = 10$

_____

Repaso en espiral

Para los Ejercicios 1 a 5, usa el redondeo o los números compatibles para estimar cada suma.

1.   69
     +34

2.   52
     +29

3.   221
    +670

4.   431
    +369

5.   578
     +24

Para los Ejercicios 6 y 7, lee el termómetro. Escribe la temperatura.

6.

    _____°F

7.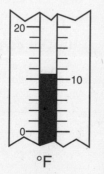

    _____°F

Para los Ejercicios 8 a 10, usa la gráfica para responder las preguntas.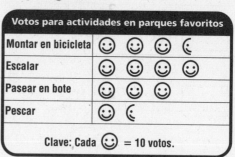

Votos para actividades en parques favoritos				
Montar en bicicleta	☺	☺	☺	☾
Escalar	☺	☺	☺	☺
Pasear en bote	☺	☺	☺	
Pescar	☺	☾		

Clave: Cada ☺ = 10 votos.

8. ¿Cuántas personas más votaron por montar en bicicleta que pasear en bote? _____

9. ¿Por cuál actividad votaron exactamente 15 personas?

    _____

10. ¿Cuántas personas votaron por actividades relacionadas con el agua? _____

Para los Ejercicios 11 a 14, dibuja una figura con la línea de simetría dada.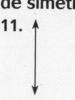

11.

12.

13.

14.

© Harcourt

Repaso en espiral

Para los Ejercicios 1 a 5, halla el producto.

1. 28
   ×4

2. 19
   ×7

3. 48
   ×3

4. 82
   ×8

5. 53
   ×5

Para los Ejercicios 6 a 8, elige la unidad que usarías para pesar. Escribe *onza* o *libra*.

6.
   _____

7.
   _____

8.
   _____

Para los Ejercicios 9 a 11, usa la tabla de conteo de abajo. Haz que el símbolo represente 2 estudiantes. Pon el número de símbolos ques se necesitan para mostrar los datos.

Selección de horario	
Opciones	**Marca**
5 días a la semana	‖‖‖‖ ‖‖‖‖
4 días a la semana	‖‖‖‖ ‖‖‖
6 días a la semana	‖‖‖‖

9. 5 días a la semana _____

10. 4 días a la semana _____

11. 6 días a la semana _____

Para los Ejercicios 12 a 14, usa el patrón de la tabla para responder las preguntas.

número de señales de alto	1	2	3	4		6
número de lados	8	16	24		40	

12. ¿Cuántos lados tienen 4 señales de alto? _____

13. ¿Cuántas señales de alto se pueden formar con 40 lados? _____

14. ¿Cuántos lados tienen 6 señales de alto? _____

© Harcourt

Repaso en espiral

Para los Ejercicios 1 a 3, escribe un enunciado de división para cada modelo.

1.

   _____

2.

   _____

3.

   _____

Para los Ejercicios 4 a 7, une con líneas el objeto con la mejor unidad de medida.

4. distancia entre dos capitales estatales .... yarda

5. longitud de un campo deportivo .... pulgada

6. ancho de las alas de una mariposa .... milla

7. altura de un edificio de un piso .... pie

Para los Ejercicios 8 a 10, usa la gráfica para responder las preguntas.

Parques nacionales visitados	
Estado	**Cantidad**
Arizona	5
Colorado	3
Kansas	2
Oregon	2

8. ¿Cuántos parques nacionales se visitaron en Arizona y en Kansas en total? _____

9. ¿Qué estado tiene exactamente 3 parques nacionales?

   _____

10. ¿Cuántos parques nacionales se visitaron en total en Kansas y en Oregon? _____

Para los Ejercicios 11 a 14, dibuja la línea de simetría en la figura.

11.   12.

13.   14.

Repaso en espiral

Para los Ejercicios 1 a 5, escribe los números descritos en palabras.

1. nueve mil novecientos quince

   _____

2. mil setecientos treinta y cinco

   _____

3. cinco mil novecientos cincuenta

   y siete _____

4. dos mil ochocientos cincuenta

   y siete _____

5. ocho mil novecientos veintisiete

   _____

Para los Ejercicios 6 a 7, usa los termómetros.

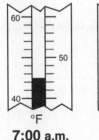

7:00 a.m.   3:00 p.m.

6. La temperatura llegó a 6 °F desde las 7:00 a.m. a las 8:00 a.m. ¿Cuál fue la temperatura a las 8:00 a.m.? _____

7. La temperatura a las 12:00 p.m. fue de 5 °F más fría que la temperatura a las 3:00 p.m. ¿Cuál fue la temperatura a las 12:00 p.m.? _____

Para los Ejercicios 8 a 12, cambia cantidad por marca de conteo.

Llamadas telefónicas recibidas en una semana		
Tipo	Cantidad	Marca
8. Número equivocado	2	
9. Ventas	6	
10. Llamadas para mamá	12	
11. Llamadas para papá	9	
12. Llamadas para los niños	16	

Para los Ejercicios 13 a 15, usa la tabla para responder las preguntas.

¡El callejón de boliche tiene una tarifa especial!

Juegos	2	4	6
Precio	$10	$20	$30

13. ¿Cuál es la regla para esta tabla?

    _____

14. ¿Cuánto costaría jugar 8 juegos

    de boliche? _____

15. ¿Si gastaste $50.00, cuántos

    juegos jugaste? _____

Repaso en espiral

Para los Ejercicios 1 a 5, compara las fracciones usando las rectas numéricas.

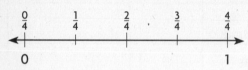

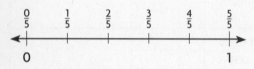

1. $\frac{4}{8} \bigcirc \frac{2}{4}$

2. $\frac{1}{4} \bigcirc \frac{1}{5}$

3. $\frac{3}{5} \bigcirc \frac{5}{8}$

4. $\frac{1}{5} \bigcirc \frac{1}{4}$

5. $\frac{2}{8} \bigcirc \frac{1}{5}$

Para los Ejercicios 6 a 9, busca el perímetro de cada figura.

6. _____ unidades

7. _____ unidades

8. _____ unidades

9. _____ unidades

Para los Ejercicios 10 a 12, usa la gráfica para responder las preguntas.

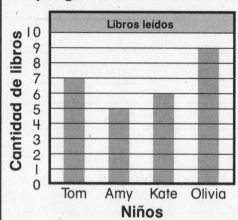

10. ¿Quién leyó dos libros menos que Tom? _____

11. ¿Quién leyó tres libros menos que Kate? _____

12. ¿Cuántos libros leyeron en total los estudiantes? _____

Para los Ejercicios 13 a 16, une las figuras con su nombre usando líneas.

13.   pentágono

14.    rectángulo

15.   octágono

16.   hexágono

Repaso en espiral

Para los Ejercicios 1 a 3, sombrea la cantidad que se muestra de la fracción.

1. $\frac{3}{4}$

2. $\frac{1}{6}$

3. $\frac{1}{2}$

Para los Ejercicios 4 a 6, da el área de la figura.

4.  _____ unidades cuadradas

5. 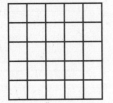 _____ unidades cuadradas

6. 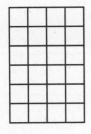 _____ unidades cuadradas

Para los Ejercicios 7 a 9, usa la tabla de conteo de abajo. Haz que el símbolo represente 3 personas. Pon el número de símbolos que se necesitan para mostrar los datos para cada libro.

Tipo de libro favorito	
Tipo	Marca
Ficción	卌 卌 ||
No ficción	卌 ||
Biografía	卌 ||||

7. Ficción _____

8. No ficción _____

9. Biografía _____

Para los Ejercicios 10 a 12, usa el patrón de la tabla para responder las preguntas.

número de canciones	1	2	3	4		6
número de versos	5	10	15		25	

10. ¿Cuántos versos hay en 4 canciones? _____

11. ¿Cuántas canciones tienen 25 versos? _____

12. ¿Cuántos versos hay en 6 canciones? _____

Repaso en espiral

Para los Ejercicios 1 a 4, nombra la fracción que representa la parte sombreada.

1. 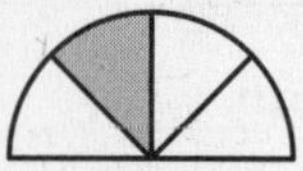 ______

2. 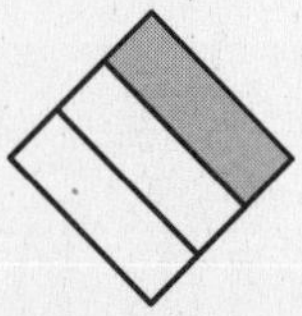 ______

3.  ______

4. 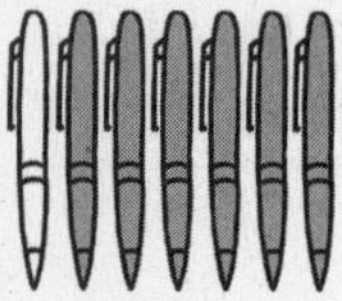 ______

Para los Ejercicios 5 a 8, elige la unidad de capacidad que usarías para medir. Escribe *taza*, *pinta*, *cuarto de galón* o *galón*.

5. 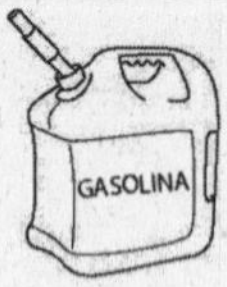
GASOLINA
____

6.  __________

7.  __________

8. 
Salsa de tomate
____

Para los Ejercicios 9 a 11, usa la gráfica para contestar las preguntas.

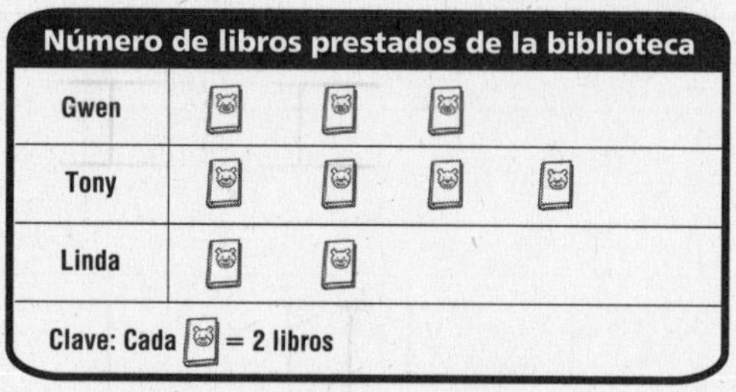
Número de libros prestados de la biblioteca
Gwen
Tony
Linda
Clave: Cada
= 2 libros

9. ¿Quién tomó prestado el menor número de libros? __________

10. ¿Cuántos libros se pidieron prestados en total? __________

11. ¿Quién tomó prestados cuatro libros más que Linda? __________

Para los Ejercicios 12 a 15, dibuja una figura congruente con la que se muestra.

12. 

13. 

14. 

15. 

Repaso en espiral

Para los Ejercicios 1 a 3, sombrea la fracción equivalente. Después escribe la fracción equivalente.

1.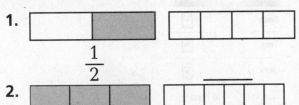

$\frac{1}{2}$

2.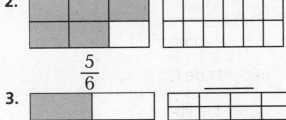

$\frac{5}{6}$

3.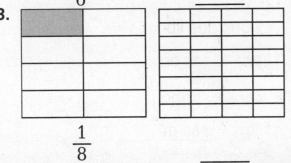

$\frac{1}{8}$

Para los Ejercicios 4 a 6, encuentra el volumen de los cuerpos geométricos.

4. _____ unidades cúbicas

5. _____ unidades cúbicas

6. 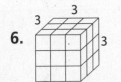 _____ unidades cúbicas

Para los Ejercicios 7 a 10, completa las oraciones con la frase *menos probable que*, *más probable que*, o *igualmente probable que*.

7. Tomar una canica negra es

_____

tomar una canica gris.

8. Tomar una canica gris es

_____

tomar una canica blanca.

9. Tomar una canica blanca es

_____

tomar una canica gris.

10. Tomar una moneda de 1¢ es

_____

tomar una bola de algodón.

Para los Ejercicios 11 a 13, usa la tabla para responder las preguntas.

Horas	1	2	3
Árboles	3	6	9

11. ¿Cuál es la regla de esta tabla?

_____

12. ¿Cuánto tiempo tardarán los jardineros en plantar 15 árboles? _____

13. ¿Cuánto tiempo tardarán los jardineros en plantar 24 árboles?

_____

© Harcourt

Repaso en espiral

Para los Ejercicios 1 a 5, compara las fracciones usando las rectas numéricas.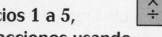

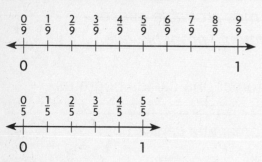

1. $\frac{4}{9} \bigcirc \frac{2}{5}$ 2. $\frac{1}{7} \bigcirc \frac{1}{5}$

3. $\frac{8}{9} \bigcirc \frac{6}{7}$ 4. $\frac{3}{5} \bigcirc \frac{4}{7}$

5. $\frac{2}{9} \bigcirc \frac{3}{5}$

Para los Ejercicios 6 a 9, halla el perímetro de cada figura.

6. _____ unidades

7. _____ unidades

8. _____ unidades

9. _____ unidades

Para los Ejercicios 10 a 13, completa las oraciones con la frase *menos probable que, más probable que*, o *igualmente probable que*.

10. Es _____ la rueda giratoria caiga en una sección gris que en una sección blanca.

11. Es _____ la rueda giratoria caiga en una sección negra que en una sección gris.

12. Es _____ la rueda giratoria caiga en una sección blanca que en una sección negra.

13. Es _____ la rueda giratoria caiga en un número o en una letra.

Para los Ejercicios 14 a 17, dibuja una figura con la línea de simetría dada.

14. ↑

15. ↘

16. ↙

17. ←→